风物
中国志

王砚 主编

临海

FENGWU
ZHONGGUOZHI

—

LINHAI

湖南科学技术出版社

临海：共此一城光风霁月

撰文
王砚

在临海古城，无论是行走还是居住其中，常常会在某个时刻被突如其来的一种年代感击中，一瞬间，仿佛潜入深深的时间海洋，四周光影流动，恍然不知今夕何夕。

孩子们奔跑在紫阳古街的石板路上，跑过"王天顺"的糕饼店、"方一仁"的草药铺子、"一洞天"的茶馆……小小的身影穿过一座座坊墙，其上镌刻着古老的名字：悟真、奉仙、迎仙、清河、永靖。也许只有这些完整的坊墙才知道，曾经一段唐宋坊巷光阴里，也如此跑过一群快乐的孩童。

城墙肇始于晋，是世代临海人心中的共同记忆。即使是外乡人，初入临海，流连于高耸的城墙上，那种奇异又厚重的沧桑况味也会久久萦绕心头。和西安阔可跑马的城墙相比，这江南的城墙自然是秀气太多，因为倚山而建，北固山的春花秋叶便在墙头随季节一层层变幻、渲染。不远处，灵江静静绕城而过，流向东海。历代的烽烟早已消散，只有清秀山河在眼中如卷轴般徐徐铺陈，而这，想必就是当年戚将军渴盼的太平盛景吧。历经乱世和盛世，城墙偶有兴废，但因有防

洪之功，始终不倾不颓。自修建之后，历代都曾添砖加瓦，使用不同的砌造工艺，不断改进，若你能深入内部，便可清晰地看到那些不同颜色、质地的夯土、碎石和砖块形成的丰富的时代信息。城墙自有它的大事件和群英谱。比如，戚继光修筑"空心敌台"而在中国军事史上留下了开创性的印记；台州知府张联元在时无战事之际，极富预见性地加筑了四座瓮城，此后每年汛期，一城无恙便仰赖于它们的神威。而更多的常人凡事，早已与城墙融为一体。比如，那块印着"甜瓜窑"铭文的宋代城砖，便令人无限遐想：窑场周边可是有块甜瓜地？烧窑的是否本地人？一天劳作下来，各人所得几何？……种种前世传奇与日常，于一块砖中遥寄模糊云烟。

《晋书·安帝纪》记载，元兴元年三月，"临海太守辛景击孙恩，斩之。"自辛景率临海郡军民据北固山之险，"凿堑据守"之后，台州府的古老城墙便在历代的战争中屡建奇功，使得这座小城平添了许多英武豪迈，当地人性格中"台州式硬气"似乎也因此找

到了根源之一。

明代靖难之役，朱棣起兵，三年后即位，是为明成祖。朱棣进入南京后，大肆杀戮曾为建文帝出谋划策及不肯降附的文臣武将，有"天下读书人种子"之誉的台州人方孝孺首当其祸，株连十族亦不臣服，台籍仕宦者纷纷以其为荣，死难亦多。现在临海东湖公园里的樵云阁，是为了纪念一位樵夫而建。这位樵夫本是籍籍无名，每日在北固山砍柴，负至东湖而售，某日忽闻新帝已立，而建文旧帝却不知所终，他竟一言不发投水自尽。到明清易代之时，临海这样的"硬气"之人就更多了。与大旅行家徐霞客交好的临海人陈函辉闻听明亡，终日恸哭，原本想以死明志，被家人救下，后来又拥立鲁王朱以海起义，结果兵败，家园尽毁。他走进云峰山中，写下《自祭文》、《绝命词》和《小寒山子云峰埋骨记》后，自缢而死。这种近乎"迂阔"的硬气，直到近代，还在一位叫柔石的青年身上表现得淋漓尽致。他是"左联"成员，朝花社创始人之一，在青春正好时为了理想而牺牲。鲁迅先生喜爱自己的这位学生，曾经半是沉痛半是褒扬道："……只要一看

他那台州式的硬气就知道，而且颇有点迂，有时会令我忽而想到方孝孺，觉得好像也有些这模样的。"

明代的人文地理学家王士性是土生土长的临海人，他从台州的地理格局来诠释水土与性情的关系："浙中唯台一郡连山，围在海外，另一乾坤。其地东负海，西括苍山高三十里，渐北则为天姥、天台诸山，去四明入海，南则为永嘉诸山，去雁荡入海。舟楫不通，商贾不行，其地止农与渔，眼不习上国之奢华，故其俗尤朴茂近古。"西与北均是高山，东部则为汪洋大海，山海之间的小小一郡——台州，自古因交通不便，未有商贸往来，人们只耕种与渔猎，民风淳朴。也因为讨山讨海生计艰辛，山民和渔民大多体格健壮，性情刚猛，匪盗作乱时，他们加入军营，和士兵们一起作战。当地流传至今的几款百年传统小食仍映射出过去生活的一面，如"羊脚蹄"，是将发酵的面粉做成四瓣如羊蹄的形状，撒上芝麻，烘烤而成。和其他江南地区的精细点心相比，这羊脚蹄又干又硬，除了淡淡的麦香和芝麻香，再无别的味道，而且极耐储放，一看就是为了行脚

劳作、行军打仗而创造的干粮，甚至连羊蹄的形状也有"好脚力"的寓意。

高山大海丝毫未能阻隔远方的人来到这里。

唐代的诗人们曾经一路漫游山河，拜访故人，踏出了一条著名的浙东唐诗之路。这条山水人文之路，串联了浙东七州（越州、明州、台州、温州、处州、婺州、衢州），以萧山—新昌—天台—仙居—临海为主体，再由临海延伸到温岭、温州，一路洒落下1500多首诗歌。中国山水诗派的开创者谢灵运，有《登临海峤初发疆中作与从弟惠连见羊何共和之》一诗，他率领数百家丁，开山辟路，擎着火把来到这里，此后"临海峤"成为诗人梦寐以求的目的地，李白、杜甫、孟浩然、王昌龄等著名唐代诗人的诗作中都多次提到"临海峤"。唐代诗人郑虔、骆宾王（曾任临海县丞，故又称其骆临海）、顾况、任翻等先后任职或客居临海，巾山、东湖等临海胜地更是被反复歌咏。

日本人和新罗（朝鲜）人乘着帆船自海上而来。他们大多居住于临海城的"通远坊"内。通远坊内龙兴寺，历来是海外高僧去天台山求法巡礼时的驻锡之地。而本土的海上商队也从章安港出发，前往日本。临海本是台州的政治经济文化中心，彼时更是熙熙攘攘，利来利往。直到宋代，根据《赤城志》（又称《嘉定赤城志》）的记载，临海的商业氛围仍然十分浓厚，市坊多达38座，远在天台、黄岩、宁海、仙居四县之上。也正因为负山面海，临海的文化便有了"兼容并蓄"的特点。它既与中原保持着历代紧密的交流，又以其独特的"道家众仙所居之地"的名山胜景，吸引着玄学、道学思想融汇此地，而开放的海洋文化时期，佛道之盛更为空前。

只有细数从前种种繁华，大约才会明白为何会有"千年台州府，满街文化人"之说。

临海古城的诸般意味，山色空濛的巾山，水波潋滟的东湖，热闹又生动的紫阳街，或许都能让人轻易体会出一二妙处来。更有深意的细节藏在那些安静的夜晚。当你独自静坐于城门下，清凉的风从远远的海上而来，你听见风里飘荡着临海词调清脆悦耳的碰铃声和丝弦雅音，城楼边上自鸣钟正缓慢响起，一声一声又一声，回荡在所有的屋顶上空，仿佛时间的跫音，古老而又长新。

目 录

风

临海河山灵秀，代毓人文。群岭，滋养了不拘一格的山风民俗，淳朴、骁勇；河海，是沟通内外的枢纽和通道，磨炼出开放、拼搏的态度；州府，千百年的文化中心，沉淀出圆融气度，儒释道共存，文人雅士竞风流。山的风格、海的个性与府城的底蕴，共同造就了色彩迥异却又融洽自得的临海气质。

物

地兼山海之利，临海人因循自然，竭尽才智，以渔猎山伐为业，山的厚重和海的灵动，交融在食材与口味之中，一切都是对自然最周到的开发。不时不食，体悟食材本性，既是应时按季的自然之法，又是庆祝节令的礼俗之法，临海人的饮食之道，早已内化在四季的更替中。岁月不居，周而复始，而山川依旧，风味不改。

摄影 / 金烨

地

道

风

物

因为有亿万年的山海、千百年的州府，临海这座小城至今古意盎然。如同一幅缩微的中国版图，临海也是自西向东缓缓倾斜，直至江流入海。它留下了古老地球的火山遗迹，滚烫的岩浆塑造了这里的沟壑与山峰；由山望海，视野为之一阔，唐宋时，人们曾借助洋流和海风，以船帆牵引出东亚各国的交流线，府城自然成了文化交流中心和交通枢纽，同时也连接着著名的唐诗之路。如今，长路未尽，传奇未尽，古城仍在书写新的诗篇。

临海：
别有天地山海间

撰文
韩健夫

在中国，恐怕很难再找出一座与山海同呼吸、共进退的城，很难再觅得能将山文化与海精神如此完美融合在一起的城，亦很难再寻到可以同时令其历史与地理风貌保存如此完整的城。

如果真的有，那一定是临海。

这里的人们靠山面海，筑城经商，打渔出洋。一瞬千年，人们从这里不断地出走和归来，驻足或离开。纤细精巧的渔网同结实厚重的城砖，思维活络的行商和文雅讲究的居民，山珍海味的盛宴与风味独特的小吃，一并构造出山海间的明珠之城。这里或是桑梓，或是他乡，一千个人有一千个临海，它就是这样"另有乾坤"。

"州邑之建设，必因山川之形势"，此言放置于神州各地无不成立，然其之于临海便还要添上一个"海"字。三国初期，吴国太平二年（257）以会稽东部为临海郡，此为临海之始。从此，"海山仙子国"的雅称便同这座名中带"海"的古城相伴千余载，"东南小邹鲁"的别号即与这片山海之地有了不解之缘。东海之滨、括苍之巅、古城内外、灵江两岸如此完美地融合进一城一域，

既是钟灵毓秀、人杰地灵之所在，又是无数文人骚客、宦游羁旅之人的理想之地。

亿万年的山海和千百年的古城，见证过山水派鼻祖谢灵运"日落当栖薄，系缆临江楼"的惜别之情，领略了浪漫诗仙李白"严光桐庐溪，谢客临海峤"的归隐之意，也曾笑纳一代名相文天祥"海山仙子国，万象画图里"的千古一赞。同时，山、海、城、川之间也孕育出从龙兴寺走出，曾"四度造舟，五回入海"以赴日传播佛法的高僧思托，道教南宗初祖、创作《悟真篇》的紫阳真人张伯端，以及宋代五宰辅、明代王氏一门三巡抚和辛亥革命家等代代英才。

翻阅临海的先贤传记，发现其中有一位与众不同。之所以另类，乃是因为他地理学家的身份。1547 年，王士性出生于临海古城东南的耕读之家，在少年时代就曾写下"伊周孔孟本吾分，肯作人间第二流"，既是治理一地之能臣，又是遍览神州之旅客。1570 年，王士性第一次走出临海，开启了他游历两京十二省的旅程，从此指点江山、品评地理，传世的《五岳游草》、《广志绎》更是奠定了他人文地理学家的盛名。450 年

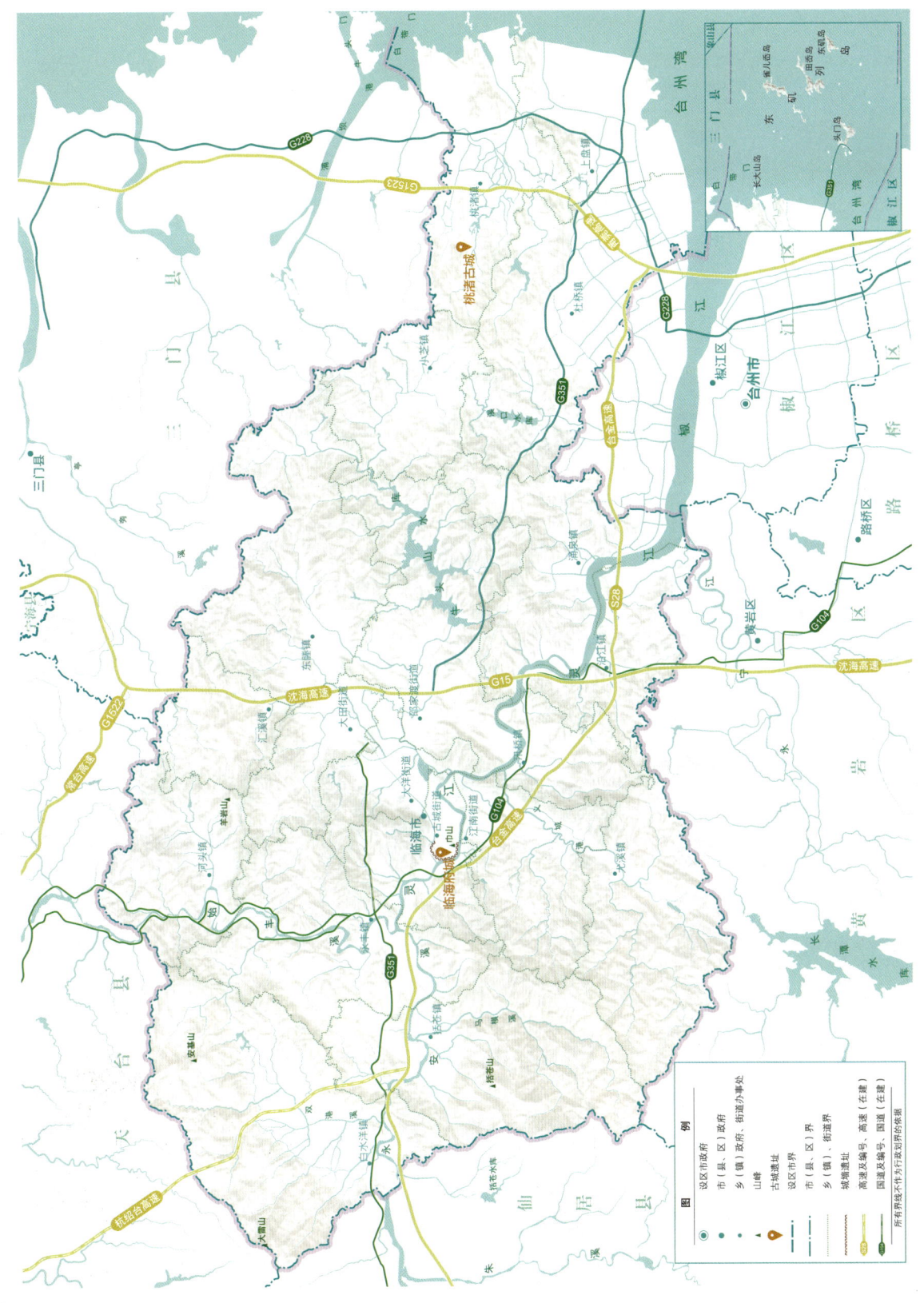

距今一亿四千万年至六千五百万年之间的大规模火山活动，使临海广布着厚达 1000 多米的火山岩，凝聚了远古时期的炽热与奔腾，也塑造了如今临海奇境迭出的地貌。在临海国家地质公园，随处可见层状火山岩、断裂构造和垂直柱状节理等独特的地质构造景观，令人惊叹。摄影 / 林霞

临海西部群山连绵，位于白水洋镇的安基山海拔880米，是白水洋境内的第二高峰。山上梯田绵延，峰岩峻美，为滑翔伞活动提供了绝佳的自然条件。因此，全国滑翔伞培训基地也设于此。当滑翔伞在山谷间如蒲公英种子般迎风飘荡时，许多人才真正领略了"飞行"的乐趣。摄影/何丽萍

↑　括苍山是浙江名山之一，史书载，"登之见苍海，以其色苍苍然接海，故名括苍"。临海境内的括苍山，主峰米筛浪，海拔 1382 米，据说这里是 21 世纪中国大陆第一缕曙光的首照地，吸引了无数人来此露营，坐观气势磅礴的云海日出。摄影 / 叶启满

↓　牛头山水库位于灵江流域大田港支流逆溪上游，集防洪、灌溉、发电、供水等多功能于一身，被誉为台州"第二大水缸"。摄影 / 郭迅

后的今天，古城临海王士性故里中，当年他栽下的银杏已亭亭如盖。我们再次从这里出发，用他的方式讲述他的家乡，讲述那不一样的山、海、城、川。

山：不是根，却是流

临海，虽名中带"海"，却从不缺"山"。山在临海2200多平方千米的陆地面积中，占到七成，可谓"三分天下有其二"。全域中162座山、444座峰架构起整个临海的天际线。境内地貌受西北部的天台山脉和西南部的括苍山脉控制，从而形成自西向东倾斜的地势。西部超过海拔500米的崇山巍峨、雄奇，险峰峻岭，同中部河谷平原、东部滨海平原形成鲜明对比，最终形成"七山一水两分田"的地貌格局。临海的地貌像是微缩版的中国地貌，从西向东，层峦叠嶂，一江奔涌后，是豁然开朗的东海之境。

在中国古老地台的闽浙地质带上，临海山区属于闽浙沿海次生边缘凹陷带的一部分。对塑造当地山脉影响最大的地质运动，当属距今一亿四千万年至六千五百万年的大规模火山活动。那是一个由恐龙主宰世界的年代，是翼龙翱翔于天际的古早时代。在侏罗纪晚期，受内陆燕山运动所带来的地壳运动影响，包含临海在内的闽浙地带在大地上出现一道道裂痕，与此同时，太平洋地槽的迅速下沉，又使得地壳基底发生强烈的崩裂与破碎。在两厢合力作用之下，猛烈的岩浆活动顺势而出。岩浆的喷出和侵入活动在此间活跃异常，一遍遍塑造着大地上的丘壑与

巅峰。就这样，千万年下来，临海广布着厚达1000多米的火山岩，仅有零星的远古石灰岩外露。假如你登上括苍山，便会发现山巅处还有着依稀可见的石灰岩，仿佛在向你诉说远隔亿万年前它所经历的地动山摇；如果你放眼俯视，山腰处的花岗岩会用样貌向你展示来自八千万年前的炽热与奔腾。但炽热总会冷却，留下的便是林立于临海的座座火山。

临海的火山不同于韩国济州岛的海岛型火山，也迥异于云南腾冲的大陆板块对撞型火山。相较之下，这里的火山更具多样与奇美、秀丽与轻盈的特点。2002年2月，国土资源部批准成立临海国家地质公园，园内的层状火山岩、断裂构造和垂直柱状节理等独特地质构造景观令每一个造访者惊叹。相比于国内著名的南京瓜埠山地质公园，这里的地质奇观——垂直柱状节理，足够让你全方位感受到亿万年前的地质魅力。一条条凝固的柱状节理用独特的六边形棱柱诉说着亿万年前的故事，展示着当年的模样。远超人类历史岁月的古早伟力塑造了这里的一切沟壑高山，留下了地壳猛烈运动后的遗迹。千万年后，地壳开始抬升，海角边的火山逐渐高企，海水不断退却，新的地貌在山海间逐渐显现，好像这一切都在等待着人类的到来。

然而，当人类开始在临海这片热土耕耘时，我们发现，山并非临海的"根"，却是临海的"流"。这里的人们不是从"山那边"而来，就是从"海那端"而至。那么，如何抵达临海？古代赴浙，东面沿海岸线而行，这是东南沿海特有的海上道路，相传已久，秦始皇时便有"并海上"之行；北面和西面则需要翻越天台山和括苍山，抑或沿着灵江

对于"七山一水两分田"的临海而言，
土地永远是最为宝贵的，人们高效地
利用每一块土地，打造生态、循环农
业。不断更新的观念，加上可带来翻
天覆地变化的高新技术，使得传统的
粮食合作社、新兴的瓜果蔬菜种植基
地在临海的各个乡镇都能找到标杆，
农业生产成为农民们实实在在的一条
致富路。摄影 / 吕振球

泛舟东行而来。在临海，山，仿佛从来只是为了翻越而存在，而非临海人的老家。

但山却是重要的源流所向，它是临海宗教文化的落脚地。"山不在高，有仙则名"，山林与宗教总有着千丝万缕的联系，临海也不例外。今临海汛桥镇南有盖竹山，1800年前，"葛天师"葛玄由江苏镇江一路向南，在"天台得道，阁皂成真"后，便"括苍仍游，罗浮乃止"，选在盖竹山炼药、植茗。此后不久，东晋葛洪又曾在此修仙问道，并将此处列为可炼神药的名山之一。五代时期，此山中的盖竹洞便开始被称为道教第十九小洞天。由此，外来的道教便扎根于临海群山之中。现今，临海最古老、保存最完整的栖真观便坐落于此，山门上的一副对联"山峰叠叠仙界境，盖竹高高千古基"也正映衬了这段长达千年的历史。

选择此处的不仅是道教，还有佛教。如天柱山，因山峰似柱、能擎云接天而得名，后又以山中有晋寺留名。临海最早建于西晋太康年间的延恩寺即坐落于山中。

此外，北固山上更是显示出中国儒释道三教合一的文化脉络。在这座被市民俗称为"后山"的山峰之上，既有佛教的普贤寺、永庆寺、静修庵、弘法寺等，也有自宋、明以来官僚士绅大肆兴建的儒家庭院龙阳楼和畸园，还有道教的八仙宫、泰安宫。明朝时便有山上"禅房道院，精舍名园，得十五焉"的记载，可谓以一山集中国宗教文化于一身的典型代表。王士性所言临海"自古为仙佛之林"，诚不欺也。

山，也是临海人走出去必须跨过的地方。王士性曾在《广志绎》中如此描述家乡之形势，"浙中唯台一郡连山，围在海外，另一乾坤。其地东负海，西括苍山高三十里，渐北则为天姥、天台诸山，南则为永嘉诸山"。足见，山之于临海，既是古早的存在，又是将之包围起来的屏障。先不论桐岩岭、黄振岭、义城岭等正途官道的跨山而行，险要狭窄，即便是民间小路，亦无不"随山刊木"。比如临海、天台间著名的黄南古道，二十余里的山路，既是对天姥、天台诸山的挑战，更是为了与山外沟通交流而一步一步走出来的政治、经济、文化纽带。秋季，在漫天红叶的映照下，驮运着食盐、绿茶、布匹、丝绸、瓷器的行商，在骡马的铜铃声和飒飒凉风中品味着对山的复杂情感。

临海最高峰括苍山，其名寓意"登之见沧海，以其色苍苍然接海"。由山望海，是临海的另一种真意。

海：是故乡，亦是异乡

东亚儒家、佛教文化圈，当前被我们所熟知且津津乐道的概念，因为大众对海洋的接受和东亚旅游的便捷而不再显得特别。但放诸古代，海洋的阻隔让东亚间"山川异域"更为鲜明，"风月同天"才是想象与寄托。

唐朝高僧鉴真的东渡无疑是中日交流史上浓墨重彩的一笔。然而，很少有人知道誓死不渝追随鉴真的思托，乃是从临海龙兴寺走出的高僧。作为唯一一位参与六渡、经逾十二载跟随鉴真东渡的弟子，思托成为首位赴日的临海和尚。赴日之后，思托更是协助鉴真营造了举世闻名的唐招提寺，撰写关于

↑　邵家渡严坑村位于牛头山水库库区东边的桐峙山下，坑，在台州方言中指溪坑（即溪流）。这个被溪流环绕的古老村庄已有数百年历史，村中房屋多就地取材，用大石垒砌而成，有些已倾颓，有些还在使用。历经岁月的老房子保持着特有的庄严。
　摄影／陈学诚

↓　临海多山，多瀑布，湍急的水流如一匹白练般从山巅直跌入深潭，水声如雷贯耳，溅起一片茫茫水雾，自然也成了胜景。图为桐坑瀑布，位于东塍镇东南，距离市区 30 余千米。
　摄影／王为君

小芝镇，位于临海东部，也是牛头山水库源头所在地。深秋初冬季节，小芝镇成片的落羽杉林层林尽染，在冬日的阳光下闪烁生辉。也因了这片红杉林，小芝被称为"江南喀纳斯"。

摄影 / 金灵敏

其师父的传记和日本历史上最早的僧传《延历僧录》。此外，他还亲自制作了鉴真干漆夹苎坐像，成为日本美术史上最早的雕塑。至今，夹苎造像技艺仍在临海民间代代流传。

鉴真东渡成功半个世纪后，日本天台宗创始人最澄于唐贞元二十年（804）率弟子抵达宁波，随即到临海拜谒台州刺史陆淳，期间遇上在龙兴寺授法的天台山修禅寺座主道邃，从而结缘。此后，最澄在临海龙兴寺一住就是146天，跟随道邃学习天台教义，并抄写天台宗教典。翌年三月初二夜，龙兴寺内，道邃大师为最澄授圆教三聚大戒，成为中日文化史上的重要事件。最澄在回国之前，台州刺史陆淳等一众官员前来送别，并将九首赠别诗集成《台州相送诗》，最澄将之收入所纂《显戒论缘起》上卷之中。也正因最澄细心，在《全唐诗》未收的情况下，九首送别诗得以保全，流传至今。其实，在日本人编纂的《天台霞标四编》中还收录有一首陆淳赠诗《送最澄阇梨还日本诗》。虽"归来香风满衣袂，讲堂日出映朝霞"一句太过通俗且过于平白，有后人伪作之嫌，但依然见证了这段异国间的千年情谊。此种送别赠诗之礼，当时风行于官员与僧人之间，是儒、释的交流形态之一，具有重要的史学价值。道邃大师亦以"化隔沧海，相见杳然。共持佛慧，同会龙华"手书相赠。而送别的茶宴，为最澄带天台茶种回国创造了机缘，也令这场送别成为中国茶东传日本和日本茶道的真正起点。

回国后，最澄创建了日本天台宗，其从龙兴寺所带回的《法华经》等经论章疏对佛教在日本的传播起到至关重要的作用，实

现了道邃手书中的期许和约定，也将临海这座古城印刻进东瀛的文化基因之中。陆淳相赠的《台州相送诗》和道邃手书则见证了1200年前那一段在临海发生的文化传奇。1200年后，日本天台宗座主渡边惠进等宗教人士组团访华，再次来到临海龙兴寺，树立起《日本国传教大师最澄受戒灵迹》碑，以永久纪念这来自海洋两端的缘分。

有些缘分是有意为之，而有些则是无心插柳之作。崔溥34岁这年的心情就像过山车，一定会令他终生难忘。出生于朝鲜半岛全罗道的他，24岁中进士，33岁官升五品，赴济州岛任职。然而让他想不到的是，来年初，父亲去世，而更让他意想不到的是此次济州岛之行，让他的奔丧之旅异常艰难、漫长，而又充满梦幻和惊险。明弘治元年（1488）初春，崔溥像往常一样启程离开济州岛，返回朝鲜本土，然而才出海不久，狂风忽起，风向大变，当崔溥等人稳定船只后，早已漂至他们无法知晓的海域，迎接他们的是无边的汪洋。十天后，船上的人兴奋地看到有大船驶来，双方笔谈交涉才知已到宁波外海。让他们更没有想到的是，这些口中自称"大唐国民"的人，皆是穷凶极恶的海盗，以拉拽崔溥船只登陆为名，登船劫掠。同行人等被吊打刺伤，官印、冠带、文书也险些被夺，百般哀求，才至交还。当崔溥等人业已绝望之际，海盗不知为何匆匆退去，崔溥等人才捡得一条性命。众人又饥又渴，在海上又飘荡四日，又遇数只小船，再经笔谈方知已到今台州临海与今三门交界之牛头海面。不幸的是，崔溥所遇又为贼人。但幸好此次距离陆地已近，崔溥等人趁下雨时贼人避雨之际，

随着海洋环境的不断改善，临海上盘镇白沙、达岛，桃渚镇洞港等地的近海滩涂和浅海资源被科学地开发利用起来，用于生态养殖，其中紫菜和缢蛏是一对"明星组合"，紫菜等大型海藻生长所需要的营养盐，可从缢蛏等贝类产生的排泄物中吸收，在净化水体的同时，还将海水中的溶解无机碳转化为有机碳。而缢蛏等贝类则通过摄食浮游动植物，吸收海水中的颗粒有机碳形成贝壳，起到了生物固碳的减排作用。摄影/梁慧敏

亿万年前的火山运动，塑造了临海奇美的山海。海边的红脚岩经过海水不断地冲击，仿佛水火两重自然伟力创造出的艺术品。摄影 / 洪权

逃出登陆，狂奔数里，就这样惊险而离奇地进入临海界内。

这里先将崔溥的故事暂停，来谈谈明清时代的海与帝国。尽管崔溥海上屡遇明朝海贼，但海洋并非传统中国官方所熟悉的概念。在男耕女织的小农经济时代，安土重迁和重农抑商相比于迁徙和经商，显得更为正统，更别说迁居海外乃至海上为盗了。以致于到民国年间，冰心尚需撰文《往事（一之十四）》，借他人之口感慨"可惜这么一个古国，上下数千年，竟没有一个'海化'的诗人"。其实，行商于海在中国自古有之，不过远涉海上的他们，更像是本土出生的异乡客，过着"七山一水两分田"所不能给也给不了的惊险谋利的生活。由此而言，海，是异乡，亦似故乡。

因此，明朝为了应对日本倭寇和与之为伍的"海上人"对陆上居民的冲击和劫掠，在东南沿海纷纷设立卫所制度下的抗倭堡垒。当年崔溥所至的桃渚卫所，即是一处至今还完整保留着明朝样貌的古城。桃渚，背山面海，一如微缩版的台州府城，凝缩版的明清历史。几经迁徙，在崔溥来到这里之前的 46 年，它被建立在要冲之地。这里是抗击倭寇的最前线，也是守卫海疆的第一道防线。嘉靖三十八年（1559）戚继光曾到此

新建东西二角敌台，至今依稀可见。为纪念这位英雄人物，石城中还坐落着戚继光抗倭博物馆。明清易代遭毁，清初迁海被废，均没有中断这座石垒城的生命。至今，桃渚主体城墙保存较好，城池前护城河的流水潺潺，和当年崔溥到来时一样，城内的一街七巷格局亦不曾改变。

再说回崔溥。最终，他在桃渚城与把总松门等处备倭指挥刘泽笔谈后，摘掉了"嫌疑犯"的帽子。桃渚，就这样从鬼门关变成了得生门，成为崔溥北上归乡的起点。然而，那些本来就是在这方土地上生长的海上人，亦盗亦商，即便他们仍称自己是"唐人"，家乡为"大唐国"，却无法再以"本地人"的身份回乡。作为以海为业的"本地异乡客"，他们眼中的临海是遥远的故乡；临海人眼中的他们，则是名副其实的"倭寇"了。

川：古渡记取征程与归途

临海的山、海太过夺目，反而抢了河的风头。每座城市都有哺育她的母亲河，临海也不例外。作为浙江第三大河的灵江，无论被称为临海溪还是临海江，它始终横贯临海东西，依偎在府城脚下。

灵江源自上游的仙居和缙云县，由永安溪和始丰溪相汇而成。因此，在传统时代，"两溪"便是临海与仙居、天台往来的主航道，3至5吨的长船可直达城关。"百舸争流，奋楫者先"，百米宽的溪流上，船只如梭，白帆招展；"千帆竞发，勇进者胜"，百里长的灵江水，运输繁忙，昼夜热闹。来往的船只随着海水的潮涨潮落，穿行于港口与腹地之间，互通有无。

有河便有渡。三国时期，临海有了首个被记载下来的渡口——章安道头渡。吴国黄龙二年（230），孙权派卫温、诸葛直等人率"甲士万人"远赴夷洲（今台湾）。他们远赴台湾的船只大多从章安道头渡出发，随行人员中有一位叫沈莹的年轻人第一次来到临海，倍觉新奇。虽然此次孙权的"普天一统"未能成行，却让年轻的沈莹见识到了临海大港和台湾的风土人情。

几十年后，沈莹再次来到临海，只不过此次已是太守的身份。任职期间，他所撰写的《临海水土异物志》是中国历史上首部地方志，也是以临海为名的首部方志，更是将临海与海峡彼岸台湾相连的媒介。书中开篇便以临海为中心，丈量台湾。"夷洲在临海东南，去郡二千里……"，区区数字便让临海成为古籍中首个与台湾相关联的大陆地名，而此时距临海之名的出现方不到十年。由此，临海便与海峡对岸的台湾产生了割舍不断的关联。正如中国台湾作家钟理和所言："原乡人的血，必须流返原乡，才会停止沸腾"。至今在台北的临海同乡会台胞每年还会踏上当年沈莹的路，回到故里寻根。

唐代，章安至玉岘沿江一带发展起盐业生产，为使官方运盐方便，黄礁溪头渡、玉岘、新亭头渡和亭山渡应运而生。至宋代，盐业废弛之后，这些渡口又成了专业的农渡，为黄岩民众去涌泉的必经之渡。可以说，灵江两岸的渡口见证了临海的过去，也将继续注视她的未来。

"祸兮福所倚，福兮祸所伏"，灵江水

灵江，是临海的母亲河。它源自上游的仙居和缙云县，由永安溪和始丰溪相汇而成，这"两溪"是临海与仙居、天台往来的主航道，往来其上的船只随着海水的潮涨潮落，穿行于港口与腹地之间。摄影 / 金灵敏

↑ 东湖是临海的"绿心"，位于临海古城东侧，开凿于北宋年间，原为水军泊船屯兵之所，后数次疏浚营造，成为台州著名园林。摄影 / 沈德强

↓ 台州府城墙，全长 6000 余米，现存5000 余米，东起揽胜门，沿北固山山脊逶迤至烟霞阁，于山岩陡峭间直抵灵江东岸，延伸至巾山西麓，依山就势，俯视大江，是现存最古老的砖石全面包砌的城墙。城楼的修建最初是为了远眺和防御，如今成了登高远望的最好地点，登楼远望，临海风貌尽收眼底。摄影 / 林天喜

可言利，也可言弊。承担水运交通和出海远航的河水，也可成为导致水灾祸患的源头。灵江在历史上可谓水患严重。从宋代以降，因洪涝与台风造成城池被毁之事，时有发生。其中最为严重且影响巨大的当属宋仁宗庆历五年（1045）六月，"临海郡大水坏邪郭，杀人数千，官寺、民室、仓帑、财积一朝扫地，化为涂泥"一事。此事震动朝廷，朝中特遣太常博士至临海修复城墙，并借此实施了城墙内外的砖石包砌工程。有幸的是，元代以前为数不多的砖石包砌古城，因临海府城独特的防洪功能而免于元代的拆城运动，得以流传至今。

灵江绕城而过，从西至南奔涌向东，让城居交通便利的同时，也增加了洪涝毁城的风险。为此，北宋熙宁四年（1071），郡守钱暄将城东水沼地开凿为湖，连通灵江，并在其中造景修亭，再把浚湖之土用于筑城。这使东湖成为临海城外行乐游览胜地的同时，也能一定程度上缓解灵江洪峰水量，储蓄上游来水，更把城墙也一并修缮，一举三得。临海府城格局由此奠定。城，成了临海的又一张名片。

城：是枢纽，非终点

台州在哪里？现在看来的确是一个颇有趣的地理难题，但此难题出现至今尚不足三十年。因为台州从唐武德四年（621）始设至20世纪90年代的1300余年中，其中心一直是临海。因为，这里既是府城所在处，也是整个台州的交通集散地。府城所在，往来公文需来此盖章；驿站所集，聚散车马即

在此通行。城与驿一同构建了临海与中国乃至世界的关联线。

赤城驿，因古道沟通南北，由灵江纵横东西。古时陆路难行，临海赤城驿是南北交通要道。从绍兴、宁波向南，有两条古道可至。其一沿嵩坝—三界公馆—仙岩公馆至嵊州，再至新昌，由会寺岭、关岭入天台，过黄振岭入临海；其二走奉化县，经桑洲驿、宁海朱家岙驿入临海。从赤城驿南下，可经义城岭至黄岩丹崖驿。如果算上水陆，则尚可上仙居、下海门卫，交通四通八达。由此路线，一代代官宦与文人，或意气风发，或失意落寞，或潇洒隐逸，为城而来，别府而去。临海，可谓浙东唐诗之路的枢纽与轴心。

唐调露二年（680），从鬼门关处起死回生的骆宾王被贬临海丞，已入暮年的他从长安艰难跋涉赴临海。然而，临海并非骆宾王想要的归宿。遭遇贬谪的他并不洒脱豁达，经由浙东唐诗之路时想到即将在临海闲散度日，心中不免凄凉，一句"欲知凄断意，江上涉安流"道尽临海之行的苦楚。踏上唐诗之路的骆宾王"醉翁之意不在酒"，几年之后，当徐敬业在扬州起兵讨伐武则天之际，骆宾王毅然再上唐诗之路，吟出"宝剑思存楚，金椎许报韩"之句以抒其志。

这条以临海为枢纽的唐诗之路，亦是诗人的心境之路，大唐的文化之路。

路，总有终点。但临海并非唐诗之路的终点。千百年来，府城如同一部诗书般始终静静安放于此，这部书凝聚了山川、海洋以及通路之精华，字里行间弥散着历史风烟。而人们就这样穿过岁月，来了又去，去了又回，城里城外，旧传奇和新故事，仍归于临海。

在临海，东湖是千年古城的历史底蕴所在，而灵湖则代表着一座现代化新城的风貌。80公顷的水面，既有太湖般浩渺的烟波，也有西湖秀丽雅致的灵韵；不仅能改善临海的生态系统和环境，也在山水园林城市的画卷上描上了优美的一笔。摄影／华立君

摄影 / 樊鑫

地道风物

山水形胜间的府城，集临海一郡之精华。它被精心选中、设计、建构，几乎每一个细节都反复推敲，湖山、河流以及高大的城墙，是脱胎天然，亦是匠心营造，使临海在一众柔美的江南古城中，独具英武豪迈之气。东海之滨的石头城——桃渚，则与府城遥相呼应。它同样具有严谨的城防和独特的民居体系，倭寇来犯时，它固若金汤；海潮侵袭时，它亦能防洪，可谓一城双璧。而辽阔的东海上，不仅上演过中国航海史最为奔放外向的一幕，也赋予了临海人难以压抑的冒险与进取精神。

山水意境里的古典之城

桃渚古城：一半澎湃，一半田园

几番望海潮，依旧涛头立

山水意境里的古典之城

撰文
心匠

浙东台州三面连山阻隔，独东面滨海，被南宋文天祥称为"海山仙子国"。300年后人文地理学家王士性又云："浙中唯台一郡连山，围在海外，另一乾坤。"无论是"仙子国"，还是"另一乾坤"，都将台州描绘成了一个山中武陵家，海上桃花源，而台州的中心——府城临海自然成为一个集一郡之精华于一身的山水之城。

山水形胜间的格局

这座州城城池为何会选址在风景如此优美的地方，这得从中国人的建城思想说起。

早在战国时代，《管子·乘马》就提出了城市择址理念："凡立国都，非于大山之下，必于广川之上；高毋近旱，而水用足；下毋近水，而沟防省；因天材，就地利，故城郭不必中规矩，道路不必中准绳。"山水并包、水旱兼顾、因地而为的理念影响了历代各个级别的城池选址和建设，它所提出的不必刻意追求方正格局的思想，亦适用于地形复杂、山川河流丰富的台州地区。

唐武德四年（621），设台州，治所始置临海。它历经宋、元、明、清各朝发展，早已成为台州政治经济文化的中心。到了1994年，台州市人民政府才被迁移至椒江。1400年间，台州城的城址一直稳定于北固山、巾山和灵江之间的一片盆地上。

关于城池择址于此的原因，史书中并未详述，只有明代著名人文地理学家王士性在《广志绎》中云"此唐武德间刺史杜伏威所迁，李淳风所择"。李淳风是唐代著名的风水大师，尽管无法考证他是否参与此事，但临海城的选址却的确充分体现了中国传统堪舆术的精髓。

从大地理环境看，台州城西控括苍，北负天台，南面永嘉雁荡诸山，独东面滨海，台州全城坐落在一片难得的三面环山的盆地中。盆地之东北方又有广阔的带形沃野，直抵东海边，为一座城池提供生活生产的耕地需求。从小环境看，灵江环城之西南，东湖贴临城东，三面临水。真可谓，背山面水，负阴抱阳，藏风聚气之理想佳地，完全符合风水术中"大聚为都会，中聚为州郡"的择址条件。

台州府城古城墙历代砌筑城墙的方法各有不同，所用城砖亦不相同。临海市古建筑工程公司在修复过程中运用了不同朝代的砌造工艺，保留了原有城墙的雄浑大气，同时创造性地修筑了一段台阶，共198级，直达北固山揽胜门，远眺石阶与城墙融为一体，更显气势恢宏。摄影/谢少康

风水隐喻中的古代营建观

撰文／王 砚
插画／黄镇岭

中国传统的山水文化精神和天人合一的哲学理想，曾经洋溢在许多古代都城里。这些城市从选址到营造，无不与山水深切相依，园林、街巷、民居也都具有山水的审美之境，自然生发的诗情画意流传千古。

"四廓青山连市合，一江寒水抱城斜"，台州城同样体现了中国传统堪舆术的精髓。即便行走在现在的府城中，也能感受到这座古城虽拥有方正的格局，但又未囿于此，抬头可见山，山上有寺，有塔；山下河流随潮汐涨落，湖面雾霭氤氲，一切如此动静相宜，刚柔并济，使城脱离了严肃，变得活泼起来。也让人不禁悟得，所谓"堪舆"之术，其实是一种现代景观科学的原生态。古代的人们通过仰观天象，俯视地理，详细体察日月星辰的位置、水文植被的变化，为营建城郭、宫室、家宅寻找一处最为和谐的理想模式。而现代城市的营造标准不也是如此吗？

合乎自然的法度，便是美的，适用的。

祖　山	城址背后山脉的起始山，通常为当地最高峰
少祖山	当地第二高峰，位于祖山之前
主　山	城址之后的山，位于少祖山之前
青　龙	城址之左的次峰或岗阜
白　虎	城址之右的次峰或岗阜
护　山	位于青龙和白虎外侧的山
案　山	城址之前隔水的近山
朝　山	城址之前，既隔水，又隔案山的远山
水口山	水流去处的左右两山，隔水成对峙状，往往处于村镇的入口
龙　脉	连接祖山、少祖山及主山的山脉
龙　穴	城址最佳选点，在主山之前，山水环抱之中央，被认为是万物精华之"气"的凝结点，宜居之地。

【祖山】

【少祖山】

【龙脉】

【主山】

【护山】

【龙穴】

【青龙】

【案山】

【水口山】

【朝山】

↑ 灵江是一条受潮汐影响很大的河流，一天的涨落中，感潮地带潮汐上下水面有落差。南宋淳熙年间（1174—1189），台州知州唐仲友设计建造了一座多孔栈型式桥面的浮桥，来顺应潮汐变化。这座 800 年前即已问世的水上立体交叉桥，是中国浮桥建筑中的一件杰作。1994 年，随着多座水泥大桥的相继落成，中津浮桥完成了它的历史使命，从灵江上永远消失了。
供图 / 临海市文物保护管理所

↓ 1901 年，英国传教士白明登在浙江台州临海创办了恩泽医局，开创台州西医先河。1942 年 4 月 18 日，美军16 架中型轰炸机完成空袭东京的任务后，飞往中国降落。其中一架飞机上四人受伤，医护人员竭尽全力挽救了他们的生命。图为几位美国飞行员在恩泽医局清气院门前留影。
供图 / 临海市文物保护管理所

建城所贵者第一为水。城市有大江大河环抱，可以带来发达的交通，成为联络外部的黄金渠道。水也是人们生活饮用所必需之物。而在军事上，自然的江河能成为天然的壕沟天堑。但在这些基本功能之外，水在择址中还有更为重要的价值。"山随水行，水界山住，水随山转，山防水去"，在堪舆家看来，水为龙之血脉，南环的水脉更是绝佳之水，是形成"阴水阳龙"最佳风水格局的必要条件。

从水脉的范围和流长来看，台州城是"五水共聚一堂（城）"。西面自仙居而来的永安溪，和北面自天台而来的始丰溪在三江村附近交汇成灵江。出自西南山的义城港绕至府城东南注入灵江。而源自东北山的大田港和东来的逆溪合流后，向西南于府城之东与灵江相汇。五源同奔灵江，交汇于台州府城附近，给台州城带来充分的水资源和便利的水运条件。灵江下游又有自黄岩县西南而来的永宁江来汇，两江相汇合流为椒江。由此可见，灵江实为台州一地的水路交通干道，于灵江边设城可通过水道控台州五邑（唐初，台州辖临海、章安、始丰、乐安、宁海五县）。

除水以外，各路山脉布局是否符合风水理想是选址的另一个关键。东北方向的白云山向被视为城之祖山。祖山之下，北以横峰独展的北固山为屏障，南以巾山为前案，东、西两面又都有护山环列拱卫。如此，拥有了一个北玄武、南朱雀、东青龙、西白虎四方皆全的理想格局。

其中，对台州州城而言，最为重要的是两山，即北固山和巾山。此两山南北相向对峙的结构，决定了最终定位和城池轮廓。

山群的布局和结构虽然重要，屏、案两山的形势姿态更是重中之重。百余米高的北固山古称龙顾山，一直被视为城之龙脉所在。宋人楼钥评价龙顾山云："台州之北，大山绵亘，其一支自东而西，蜿蜒逶迤，至江而上，势若回顾，是为龙顾山。"山势逶迤如龙顾的北固山能抱州治而为屏障正是恰到好处。作为前案的巾山虽不足百米，却是古来名胜地。陈耆卿所撰的《嘉定赤城志》云："巾子山，在州东南一里一百步，连小固山，两峰如帕帻。"到了宋代，它已经名动天下，成为"一郡游观之胜"。

以风水择城是对环境的综合性考量。除了风水外，军事防御也是古代城池选址最需考虑的因素。外部山水是否围聚，自然地形是否险要，是兵家最为看重的要点。若能得佳地，据险而守，那就可以达到一夫当关，万夫莫开的局面。王士性在评价台州城城池时云："（两浙）十一郡城池，唯吾台最据险，西、南两面临大江，西北巉岩参削插天，虽鸟道亦无。"台州城城池的险要环境为军事设防营造了良好的条件，其西面为浙江第一高峰括苍山所围，北面有天台山脉做天然屏障，南面又有雄峰峙南，只有东面缺险。从府城周边环境看，北固山和巾山可凭山据守，西南两面环绕的灵江则成天然之壕沟。东面无地利，日后历代，敌军多从海上长驱直入。古人由此对东面进行了人工改造，将东湖推出城外成为宽阔的壕沟。

风水和军事虽是从不同角度来看待选址问题，但两者有相互应和处，在此基础上选择的城址，恰恰完全符合了当代中国所提倡的山水城市的栖居理想。

城池胜盖东南

因山水、就地利而建的台州城城池之胜曾胜盖东南。时至今日，它还留存着唐宋州城的大致格局，这是历代不断修葺建设的结果。

州城的始筑年代大概在唐武德四年（621），即台州州治定为临海之时。当时州城的范围较后世略大。这是因为唐代州城将东湖包于城内，其时，东城墙还在今钱暄路一带。宋熙宁四年（1071）以后，城池的东轮廓才内缩到东湖西岸。这次城池轮廓的变动基本上确定了台州城的外部形态和轮廓。它本以方城为原型，又在复杂多变的地形条件下产生了许多适应地形地势的形态变化，由此形成一座依山抱水的独特的不规则城池。临海的整体山水格局从古至今都未发生改变，城池又始终有城墙环绕，这便使基于自然而生的不规则城池形态整体上始终保持着宋时的形貌。这种不规则性不仅表现在城池轮廓上，也使内部部分街巷网络的走向和形态与自然山水或平行或垂直。在以南北向方正秩序为主的城池中，叠加进自然的秩序，有利于打破横平竖直带来的过度规整，使城市空间变得更为灵活有趣。

宋代台州州城形态的另一个特点，是城中包城的子母双城结构。

对一座城池而言，最为重要的是它的行政中心。明清以前历代往往以此为核心建子城，因为子城是州衙的最后防线。由于它具有很强的军事防御需求，因此往往被安置在城池中防御性最强的位置。对台州城而言，西北山势最为险峻，历代都选择将衙署设置在城之西北角。中唐之前，台州的州衙设置在北固山上即今台州卫校的位置。中唐以后，州衙南移至北固山麓，大约在今台州医院所在。自此以后，台州的衙署无论经历多少次损毁，其故址一直未变。宋代台州城的子城北倚大固山而建，四面都有城墙包围。城墙外东、南两面皆以州河作壕沟。南宋时的子城在东、南、西三面都设有城门，分别称顺政门、谯门、迎春门。

元初，虽然外城因为防洪需求而幸免于难，子城却被拆得只剩下东城门。明清时期，子城之制被禁，台州府城的子城就再也没有恢复。唯有东城门留下了子城存在过的痕迹。

这个东城门也就是今天西门街上的古寿台楼，在史籍中它有诸多名字。在北宋，它名东山阁，为州城一胜。明末，它开始被用来作为鼓楼。不过，在民间，它最响亮的名字还是今天刻在它西墙上的"古寿台楼"四个字。这块字匾是民国重修时，由当时的县长庄强华所题写。匾额曾经被埋没在墙中，直到2017年重修时才显露出来，成为了临海城又一文化标志。

现在的鼓楼是民国四年（1915）重建的。当时原鼓楼在一次大火中尽毁，聚丰源饭店老板潘绎如筹资在原门台基础上重建成三层砖木结构建筑。建筑整体采用中西合璧的风格。一二层的开窗形式分别设计成半弧形和尖券形，顶层四面设传统的木格子窗与下部实体形成强烈的对比。

而今，鼓楼下川流不息的人群与那过街券门里闲坐的人们，已经与这座历史悠远的楼融刻成临海城独有的城市意象。这座跨街楼宇飞动俏拔的英姿，仍然将我们的遥想带向曾经存在过的恢宏的宋代子城。

除了子母双城制以外，这座曾经的水会之地、江南水乡有着和其他江南城池一样的双棋盘格局。街巷网络大致方正，水陆并行、河街相邻是这种格局的基本特征。宋庆历年间（1041—1048），元绛主持修复台州城时，为了防洪水淹城，在城中凿渠水贯城，总名州河。根据台州城西仰东卑的地势特点，将西北山麓的水因势利导，先流经括苍门，又向东分为三支分别称清涟、新泽、清水。可惜到了南宋三条河流皆已淤塞。明清时代，城内水系时塞时开，一直到了民国年间，城内仍存大量与街道并行的水巷，如赤城路、文庆路、广文路等。20 世纪后半叶，许多台州府城内的河流都逐渐转为地下河渠。水陆并行的城市交通逐渐转变成以街巷为主导的陆上模式。

大部分街巷幸运地保存了下来，才使今日临海城的格局未有大变。宋代州城内街巷网络已趋稳定，除了在复杂地形交汇处的局部街巷外，其余都较为方正。当时有南北走向的街巷八条，东西走向的街巷二十多条，但南北向街巷多较长，且基本南北拉通，而东西向街巷都较短且大部分呈相互错位的状态。这大概是由于南北方向为中国传统的礼制方向所决定的。元初，子城瓦解，州衙在南北方向上大规模减缩，促使一条东起崇和门，西止朝天门的东西大街逐渐形成。至元末明初，这条街已具规模，其西端在宋代为

子城所阻——只有子城瓦解后，它才有了连贯东西的可能。从此，台州城就有了两条商业街（另一条为紫阳古街），架构起州城城市生活的十字轴线。这样的城市街巷网络一直延续至今。

临海古城之所以仍然能让人感到浓郁的"宋意"，其原因是台州城城池形态在演变过程中，许多要素基本不变，如，两山两水的结构、城墙环绕、不规则的城池轮廓、棋盘式街巷格局等等。唯有子城的瓦解令人惋惜。但在当代中国环境下，台州城的完整程度，已远胜于江南诸城。

明长城的"师范和蓝本"
——绵延山峦江河间的古城墙

台州城最为雄浑壮观的部分非古城墙莫属。它既凸显了江南区域性州府级行政中心的地位，也是军事防御和水患防御多重功能相结合的产物，在城墙的总体设计、构造设计和细节上都能体现出多重功能的影响，如城墙轮廓、弧线型马面、防洪捍城等。而最值得骄傲的则是它的双层敌台设计，堪为明长城的"师范"和"蓝本"。

城墙所展现的是古典中国传统城池设计中的外部轮廓，实测长度有 6286 米，和许多平原地区古城的方正城墙轮廓相比，它依随地势大致呈东北—西南走向，描出了一条优美曲折、上下起伏的不规则城池轮廓。东面临东湖，地势平坦，城墙方正规整，呈平原城池之貌；北部依山起伏，绵延山冈，显山城之高渺；西南两面依随灵江边界，据江

隔着灵江望向府城，群山苍翠，水色荡漾、古城墙随山势蜿蜒而上，一座古城的动人历史，都在它的静静环抱中。摄影 / 陈东辉

围城，江深城高，仰不可攀。其中梅园至烟霞阁一段逶迤如蛇形，匍匐于陡峭的山地上，巍峨嶙峋，险峻奇伟。许多游人到此竟恍然误以为来到了北京八达岭长城。它们曲折崎岖的形态不仅是形似，在历史上，八达岭长城的修建技术还借鉴了台州府城墙。因此这朝天门一段又被誉为"江南八达岭"。

临海城墙有着古老的历史，屡毁屡建的过程也从侧面映射着中国的历史。东晋郡守辛景在大固山筑子城以拒孙恩，此即临海古城墙的初始形态。唐武德四年台州郡治始置临海，并开始扩建外郭城墙。五代时，台州属吴越，吴越王为了表达归降北宋的诚意，将两浙诸州城墙予以拆除。到了北宋大中祥符年间（1008—1016），城墙按唐制逐步恢复。北宋熙宁四年，郡守钱暄出于军事防御和防洪的需要，将城墙内退至东湖内侧。从此奠定了现存台州府城墙的基本轮廓和格局。元明清时代，城墙虽时有兴废，但都只不过是对城墙的加宽加高而已。因此，今日我们所见之城墙乃是在宋城墙的基础上，明清时代又不断增筑而成的城墙。

这种时代的印迹清晰地体现在城墙剖面上。城墙内部主体为夯土砌筑而成，是宋城墙的典型做法，明清修葺时则采用土石结合的方法，即在土层中增加碎石以加固墙身。内部的夯土层无论是土壤色泽还是土层质地都展现了各个时代的层叠累积过程。早在宋庆历五年（1045），在城墙内外两侧，就全面采用了砖石包砌技术。临海的古城墙是现存中国城墙中较早采用这一技术的实例，其方法是砖石之间用糯米或灰浆作凝结材料。明代时，这种砌筑技术已全面流行。

每个时代都有不同的砌筑方法，宋代城砖普遍采用"全丁式"砌法，部分还采用了毛石砌筑；清代早期采用"人字形"砌法；清中晚期则采用"一顺一丁"砌法，部分采用"全丁式"。这种时代砌筑的差异化也完整表现在城墙内外两个界面。我们常能发现在同一段城墙上，从墙基到墙顶是不同的样貌。不同时代修筑技术的混砌方法为今人留下了丰富的时代信息。除了砌法之外，宋明清不同时代的城墙铭文砖亦是识别城墙历史的一把钥匙。所以，临海古城墙在考古学上也同样具有较高的价值，展现的是饱经沧桑、历经风雨的岁月叠加之美。

明清时代，临海一直是台州府治所在，城墙的军事防御性功能极为重要。特别是在明嘉靖年间（1522—1566），倭寇频繁骚扰东南沿海，迫使台州府城墙跳出府城级城墙的等级限制，而向国防级的设计水平靠近。在谭纶和戚继光的共同努力下，台州府城墙在宋代基础上创造出实用、美观而又缜密复杂的军事防御系统。

戚继光在桃渚城抗倭时首创双层空心敌台，为了加强台州府的防御，他在临海城墙上也建造了十三座空心敌台。这种敌台共有两层，台下为砖石结构，台上可置木楼。内部可大量藏兵，其上可瞭望、侦察和攻击敌人。从外部看，它敦实厚重的体量也给敌人产生了很大的迷惑性。戚继光、谭纶依靠这样的城墙防御体系，多次力挫倭寇犯台州城，取得台州大捷。后来戚继光又将这一伟大创造大规模地运用到了明长城的修建上。这便是台州府城墙之所以为明长城的"师范"和

"蓝本"的原因。

临海古城墙的另一大显著功能即是抗洪防涝，特别是沿灵江一段堪称台州府城的"生命线"。天台的始丰溪和仙居的永安溪在三江村汇合成灵江，每到夏秋暴雨期，两县江水暴涨，导致灵江水急速冲向西城门。另一方面，每到这样的暴雨期，东海亦会出现大潮，导致海水倒灌。台州府治所在正好处在灵江转折、海水倒灌的范围内，两者一旦结合，便水势汹涌。洪水破城而入，一片汪洋泽国，家毁人亡的惨烈局面，临海历史上屡见不鲜。元人周润祖在他的《重修捍城江岸记》中就坦陈了城墙对台州府城人的重要性："台固水国，倚城以为命。"在每一次的泛滥之后，临海人能做的就是不断积极修筑，调整，改造城墙。

北宋庆历五年，在一次暴雨毁城之后，经过当时政要和专业人士的反复讨论，城墙在修复中一改当时流行的泥土夯筑法，而首次采用砖石包砌技术。防洪的需求促使了台州府城墙砌筑方式和砌筑材料的划时代突破。

捍城和护城的设计也是临海古城墙为防洪所创。在宋代，临海西南两面城墙应是贴水而立。在城墙外侧基础位置加设一道长堤，增强水中的城墙基础的坚固程度，即为捍城。而护城是指在城墙内侧加筑高台以增强城墙整体的抗侧力。此即王象祖（宋代士子，临海大田人）所云之"外为长堤，以护城足"和"内为高台，以助城力"。两者皆是城墙在面对水患时的加固策略。据徐三见先生考证研究，在历史上捍城和护城只修过两次。第一次是在南宋绍定二年（1229），

最后一次大规模修捍城则是在元至正九年（1349）至次年。明清以后，捍城不再有修筑的记载，很可能是因为城墙逐渐与灵江拉开了一定距离，而不再是直接贴临的状态。

防洪的需求也同样促使城门形制的变革。宋郭城设有七门：东面设一门曰崇和；西面设三门从北往南分别曰朝天、括苍、丰泰；南面亦设三门，从西往东，分别曰镇宁、兴善、靖越。一直到明末清初，除了崇和门为瓮城外，其他门皆是简单的单门。

康熙五十一年（1712），朝无战事。当时的台州知府张联元却在沿江四门镇宁、兴善、靖越、朝天加筑瓮城。四座瓮城一方面可以加固城墙的整体稳定性，另一方面也为洪水袭城时尽可能留下了缓冲空间。它们都采用了圆弧形的轮廓，更利于导水引流。今天，当我们近距离观看这四座瓮城城门的时候便会发现，每座城门的上下瓮城门和主城门都采用双道门，其中外侧一道设有防洪闸槽，闸门由很厚的木板制作而成。当洪水来临时，闸门随即放下，以将水阻挡于城外，当暴雨退去，闸门开启，以排城中洪涝水。

在台州府城墙的城门中还存在一种独有的构造。我们会发现四座现存的临江城门城台中部都有一个天洞，俗称城墙透窗（有的也称天窗）。在古代门台中心位置都架有城楼，这些透窗就位于城楼内部。洞口中，原都铺设有活动木板。现在，每个人走到城门下都会带着好奇的目光去仰望这个透窗。有人说它具有很强的军事作用，当敌人攻入主城门时，立刻把天窗上的门板打开，下部的战斗情况便一览无余。同时士兵通过透窗还可投石击敌，杀攻入

城门的敌军一个措手不及。也有人说，它具有很强的防洪功能。对于临水的城门而言，为了将洪水阻隔在城门外，城门门板就要比预留的拱券门洞高。当城门开启时，门的存在也不能影响通道的宽度，故将门内两侧向外扩深各 0.4 米。这一扩深自地面而至城墙顶，这便形成了长方形的城墙透窗。当然也有学者对透窗在防洪中的作用有不同的看法。当洪水袭城时，洪水常会裹挟大量垃圾和漂浮物，常堵塞作为泄水口的城门。透窗正是为泄洪时打捞洪水杂物，防止堵塞，疏导水流而存在。虽然现在对于透窗的功能在细节上还存在着一定的争议，但它同时兼具军事防御与防洪的双重功能却是不言而喻的。

许多初始为军事防御而设的构造在防洪目标的促使下也发生了改变。马面原是军事防御中用来加强防御的敌台之一。它和相邻的城墙组合成三维防御战线。马面的形制一般都是方正的。但临海城墙迎水面一侧的马面却因防洪而设计成了弧线或斜线，而在去水面仍然保持方正的形制。现存的五个马面中的四个都是这样半方半弧或半方半折的形制，而第五个两面都做成斜面。这也可谓是适应当地环境的一大创举。

虽然台州府城墙因军事防御而建，但临江一段能完整存留至今，却完全归功于防洪。由于这一特殊的功能性需求，临海古城墙多次躲过了被拆迁的命运。如元初，在"尽堕天下城郭，以示无外"的政策下，城墙却因水患而保存下来。在近现代，当冷兵器时代结束时，城墙便逐渐失去了它原初的军事功能，拆毁城墙之举风靡全国。临海的东城墙就是在 1958 年被完全拆毁的，北固山城墙也在多次遭受人为破坏后自然倾颓。唯有临江一段城墙再次因为防洪需要而被完整保留下来。

近几十年来，随着人民生活水平的提高，保护文物，守护历史遗产的意识也在逐渐觉醒。在新时代里，如何继承历代成果，继续修缮和建造城墙已成了摆在眼前的现实问题。1994 年，借临海被评为国家历史文化名城的契机，当地从事古建筑修复保护 40 多年的临海市古建筑工程公司经理黄大树向当时的临海市政府提出了修复古城墙的建议。黄大树带领团队先修复了一段百米城墙，以作示范，得到了当地百姓的一致好评。同年，临海市政府发起"我为名城献一砖，万民修复古城墙"的号召，临海古城墙修复工程正式开始动工。经过三年的不懈努力，西南滨江侧城墙修葺一新，而北固山段城墙基本上得到了重建。滨江侧的城墙修复严格按照国家文物标准修旧如旧。历代砌筑城墙的方法各有不同，所用砖的尺度也都不一。黄大树设计团队在修筑各个时代的城墙时运用了各自时代的不同砌法，如修宋代城墙时则用宋代的技术方式修补，对北固山一段城墙则在遗址基础上予以进一步设计和创造。其中最令人印象深刻的是直面东湖的百步阶，198 级台阶直达北固山揽胜门。从下仰望，台阶气势恢宏，成为独具特色的临海城墙的标志。

修复后的古城墙继续承担着防洪重任，同时也逐步拥有了新功能，变成了市民生活的环城公园。每天在其上环城慢跑、晨舞、闲游的市民不计其数。进一步优化了临海古

↑　戚继光在桃渚城抗倭时首创双层空心敌台，为了加强台州府的防御，他在临海城墙上也建造了十三座空心敌台。台下为砖石结构，台上可置木楼，内部可大量藏兵，其上可瞭望、侦察和攻击敌人。空心敌台是我国军事建筑史和城防史上的一项重大突破。
摄影/李稔

↓　马面（或称为敌台、墩台、墙台）有长方形和半圆形两种，因外观狭长如马面而得名。古人修筑城墙时，为了消除城下死角，自上而下从三面攻击敌人，而修筑了这个突出的部分。迎水的"马面"一方修作半圆弧形，为的就是减少洪水对城墙的冲击。
摄影/李稔

瓮城，一道兼具御敌与防洪之功的坚固屏障

撰文／王　砚
摄影／李　稳
插画／黄镇岭
设计／杨　恒
地图供图／黄大树

中国古代的城池，是整个冷兵器时代最为先进的军事堡垒和民众聚居地，而"瓮城"则是城池非常关键的附属设施。它其实是城门外侧的一个加筑的小城，这个小城与城门是相连接的，而且和城墙也能够连为一体，可说是古代城墙的重要组成部分。

关于瓮城，最早可以追溯到先秦时期，在这漫长的变迁中，它也有过很多不同的名字，如：曲城、回门等等。从"瓮城"这个名字里就能够看出来，它的形状是圆形的。有时候它也会被建造成方形，但其最基本的用途都是为了防止城门直接暴露在外面，这样能够最大程度阻碍敌军的进攻，保护城池。

在古代的"攻城略地"战中，重点是攻城，攻城的关键是破门。只要城门破了，城池就会失守，战争就有了胜负。所以，城门是关键，而城门又是城池最为薄弱之处。

简言之，瓮城就是给城门再加一道防盗门，并且预留一个圆形或者方形的空间。攻城军队首先要经过护城河，这是城池的第一道防线，过了护城河就是高大坚固的城墙，包括瓮城的城墙，当敌军突破瓮城想进攻城门的时候，噩梦才真正开始。在瓮城狭小的空间里，他们将会面临来自城墙上四面八方的攻击，大多数是弓箭，也有石头或者燃烧物。

如果敌人攻城力量十分强大，连续增援，并结合火攻等特殊战术，守军难以招架时，台州府城门还有一道起着"杀手锏"作用的奇特结构——透窗。

"透窗"位于城门通道门后的顶部，城楼地面中间，是一个开放的长 3.5 米，宽 2.8 米的长方形直通窗洞，平时上面铺设活动楼板，不影响城楼的使用功能，战时掀开活动楼板，可直观地面，居高临下，成为军事防御设施的又一道"杀手锏"。当敌人冲进城内时，守军会立即掀开盖在"透窗"上的活动地板，将早已准备好并堆放在透窗四周的石块快速推下。石块不仅可以重创敌人，还能在门洞内迅速垒起石墙，封堵整个城门，阻断敌人前进。台州府城墙这一奇特的结构，在全国城墙中实为罕见，不但有军事防御功能，而且在城市防洪中也堪当大用。

每次台风袭击，临海沿江城门的闸门、主城门、瓮城门全部关闭。沿江边的瓮城，为减少洪水冲击，皆设计建造为半圆形。西边沿江受洪水直接冲击的墩台（马面），上水方为弧形或斜形，下水方为方形。当洪水来临，灵江水位上涨时，闸门放下，开始防洪。当退潮泄洪时，开启瓮城下水方和主城门的闸门，排泄城内积水。

在泄洪时，城墙上的透窗又发挥了功不可没的作用。泄洪过程中，无数漂浮物被洪水裹挟，一旦堵在城门口，便造成水流阻塞，排水减缓。如何快速移除漂浮物呢？人们此时可站在城楼内的透窗上部，用竹竿、闸钩等进行打捞，或者将其打散后，让其漂出城门，这样就保证了泄洪的畅通。

城门与门台『透窗』关系示意图

外

外

外

瓮城门

门洞

门洞

瓮城门

城门

8900　400　3600　400　8900

透窗

门洞

内

黄大树，临海市古建筑工程公司经理。
中国建筑学会史学分会理事、学术委
员、创作委员会主任。1996 年，他
承接了修复残破古城墙的任务。为了
尽可能地还原古迹原貌，黄大树与其
团队夜以继日查阅资料、请教专家，
在每个细节上都下足了功夫。
修复后的古城墙，工精料实，得到了
国内顶级古建筑专家的交口称赞，也
真正成为临海人的骄傲。
摄影/李稔

城的城市公共空间格局。

东湖世无双，赤城起霞标

湖城之制是多水的江南传统城市区别于北方城市的一大特色。

杭州西湖甲天下，绍兴鉴湖名六朝，嘉兴有南湖，慈城有慈湖……而临海则有东湖。湖与城池紧密相接，但二者方位关系也并非绝对，可以说，七分在自然，三分在人工。

最初，这些湖泊之地往往为山水窟，各条江流或山溪的汇水处都是成湖的最佳位置。东湖最早是东北诸山水汇聚的洼地，其功能一度为船场水军营。

北宋熙宁四年，钱暄疏浚东湖，同时将城墙移至东湖西岸。用疏浚湖泊而得之土筑东城墙。将东湖置于城墙之外，一方面可减少城内水泽之苦，另一方面以湖为濠也可加强东面的防御性。临海城西北南三面有山川阻隔，有一夫当关、万夫莫开之险，独独东面一直到海边都是一路平川沃野，于东城墙外筑湖即弥补了这个天然防守缺陷。当时湖的规模比现在大许多，几乎占据了整个东面城墙边界。疏浚东湖之举亦使东湖日益园林化。钱暄遣人在湖上巧筑流杯亭和共乐堂，成为"春夏行乐之冠"。自此之后历代对东湖都有疏浚，这片湖泊也日趋成为临海游赏之胜地。

1958年临海东城墙被拆，湖与城的关系从城墙阻隔变成了无缝衔接，东湖也从早期的私家园林走向了向大众开放的公共园林。

现在的东湖格局基本上是在清康熙以后历次疏浚中逐步确定的。同治十年（1871）郡守刘璈又主持疏浚，根据当时的记载"一切形胜皆重修建"，我们可知今日东湖之样貌主要是这次重修后的成果。清人俞樾云"杭州有西湖，台州有东湖。东湖之盛，小西湖也"。东湖园林究竟有怎样的特色呢？

计成在《园冶》中所云构园第一重要者为借景。负山、枕水、面江都是造园相地之首选。处在南北山水夹持中的东湖有着最佳的借景条件，佳者收之，俗者屏之。借外部佳景于园内，不仅可以扩大园子的空间层次，也平添了几分深远的意蕴。从南往北可借高大横展、白云环绕的北固山，它是整个东湖园林永不缺失的背景。这给游人心理上的感受是，东湖园林并不是独立于城东，而是和北固山完全连绵在一起。现在当我们从东湖南端向北望时，定然会被层层展开的东湖景致与北固山连绵青郁的磅礴气势所感染。而灵江和一山四塔都曾是东湖南借的胜景。可惜今日由于高楼阻隔、东湖面积缩小等原因，这些往昔的醉人图景已无法在东湖内见到了。

现在东湖的轮廓较为方正，呈南北纵长型。整座园林以中堤界分前后两湖。孤悬在水中的连绵岛屿组成的湖心园林是东湖园林的核心。前湖以水面为主，空间开阔疏朗。两座亭状建筑反点湖池，起到加密空间层次、成为前湖视觉焦点的作用。为了能压住前湖大水面，此二亭尺度都较大。但两亭之间也各有主次，十米高的八角湖心亭是前湖的中心。环亭设台，环台花木扶疏，湖光掩映。登临此亭，四时之景，

东湖最早是城中一片洼地，北宋年间疏浚后，将其推向城外，成为东面的一道天然屏障。此后东湖日益园林化，湖光山色，景致旖旎，是城市中不可多得的一处清幽闲静之地。摄影/朱挺

↑　东湖上的"半勾亭"，亭名取自唐代
　　诗人白居易的诗："未能抛得杭州去，
　　一半勾留在此湖。"这座小亭单层六
　　角结构，以六根石柱擎撑水中建成。
　　它与一侧的湖心亭珠联璧合，形成桥
　　连双亭、亭立湖心的雅致风景。
　　摄影/樊鑫

↓　东湖公园琪水园一侧的海礁苑在重建
　　时选择了临海当地的海礁石来叠山，
　　礁石上嵌满了许多洁白的牡蛎壳，如
　　花瓣撒落。临海本就依山傍海，以海
　　礁成园，合乎当地的山海情势地貌，
　　使园林极具独特的地域气质。
　　摄影/心匠

满城山色皆入亭内。古人赞誉它"四壁云山天上下，一亭风月水中央"，真可谓亭中有景，景中有亭。

稍往北折，又见半勾亭，亭名取自白居易"一半勾留在此湖"的诗句。半勾亭六面向湖面敞开，底部以六石柱架临于水中，坐于亭中美人靠上令人顿生濠濮间想。两亭之间有九曲桥相连。前湖设计用笔虽少，却已勾画出东湖园林中最富有特色的场景。

后湖由一条时宽时窄、时曲时直的南北纵向中堤主导。堤前半部分以中轴控制，较为规整，从南到北分别排列着骆临海祠、樵云阁和逢源亭。其中樵云阁为四层，是东湖上体量最大的建筑。据黄大树先生介绍，重建时希望它能像滕王阁、黄鹤楼一样，成为临海的标志性名楼，所以它的高拔是这种设计意图与东湖整体相协调的结果。从老照片中可看到以前的樵云阁临水矗立，体量小巧，也许更适合园林的尺度。这座阁是为纪念临海一位无名樵夫而修建的。传说这位樵夫每日在东湖砍柴为生，建文四年（1402），朱棣登基，昭告天下，樵夫闻听建文帝已于宫中自焚，遂立刻投湖自尽，在他身上体现了一股特有的"台州式硬气"。在逢源亭之北还有樵夫祠遗址，也是后人为缅怀他而立。后湖的前半部分有很强的礼制功能，建筑规整有序；同时，它又与后湖后半部分的自由曲折的园林产生强烈的对比和差异性。

最后分列在湖堤两侧的是两个园中园：小鉴湖和琪水园。它们都建造在湖中的洲渚之上，是后湖的重点，也是整个东湖园林的重中之重。此二园古时形貌我们已经无法再见了，现存的这两座园林都是当代重建的。然而我们在东北角的琪水园中却仍能感受到重建园林少有的古意，其高超最主要体现在叠山上。

这里的叠山特色主要是土石结合。中部是土山高坡，而在岸脚池边却以石重塑曲岸。在南北各有两组大型假山，叠砌整体性强，隐隐间有山意。

最为重要的是，琪水园一侧的海礁苑在重建时选择了临海当地的海礁石，而非远在苏州的太湖石来叠山。常年被海水浸泡的海礁石更为玲珑多孔，石头的表面也因为附着过各类生物而多有颜色变化。那么多年过去了，这些早以东湖为家的海礁石身上仍可见到像花瓣一样洒落的洁白晶莹的牡蛎壳，与石头的浑厚、坚硬糅合在一起，有一种太湖石所不具备的美。园林也因此具有了临海独有的地域化气质，这也是浙东甬台滨海园林与苏杭园林的差异所在。

如今已经完全处于城市中心的东湖，是临海城的一片绿心。世上湖泊众多，但处在高密度城市环境中的湖泊最为稀贵。在许多城市湖泊已经消失的今天，临海要守住这份无双的珍贵遗产。这不仅是维持古城格局的重要保障，也关涉每一位临海人的日常幸福感。

一山有四塔，一城藏八寺

临海不仅以湖胜，也以塔名。"一山有四塔，一城藏八寺，两峰耸立，各有气象"。

千佛塔位于临海古城龙兴寺内，是临海最为高大的古塔，也是浙江仅存的两座元代古塔之一。此塔的最大特点是塔身上装饰着总数多达千尊的佛像。摄影 / 郭迅

尤其是一山四塔高低错落，大小双峰连绵并置的图景最令人难忘。四座塔都点缀在府城东南角的巾山上，与山峰、城墙和灵江形成一种相互联系的群落关系。四塔的年代也各有不同，正好代表了宋、元、明、清四个不同时代的古塔特点，时间的跨度和空间广度由此在巾山上交错。

四塔中最高大的那座是如今藏在龙兴寺后院中的古塔，因塔身刻有1063座佛像而得名千佛塔。它是一座六面七层的砖木混合式楼阁塔，二层以上皆设有平坐（高台或楼层用斗栱、枋子、铺板等挑出，以利登临眺望，称为平坐）与腰檐（塔与楼阁平坐之下的屋檐）。可惜清咸丰十一年（1861），龙兴寺大部分建筑被毁，千佛塔外围木结构完全被太平军烧毁，独存塔身。

站在塔下仰视塔顶时，便能发现这座塔从下往上是有收分（中国古代圆柱并非等径圆柱，而是底部略粗，顶部略细，称为收分）的。现存的塔底层在东面入口，二层以上每层各面都设有尖券窗，门窗洞之上还残留着平砖与棱角牙子。这些即是当年腰檐和平坐每层随砖叠涩出挑（古代砖石结构建筑的一种砌法，用砖、石，有时也用木材通过一层

层堆叠向外挑出，或收进，向外挑出时要承担上层的重量）的证明。此塔最大的特色即是全身内外贴满了模压佛像砖。层层垒筑的佛像砖创造的佛像群给每一个香客以极大的震撼，细看每一尊佛像都是头大身小的姿态，显现着清晰的元代风格。百余年前，日本学者常盘大定来到台州府城考察后，在书中留下了关于这座元塔的评价："巍然雄豪的风姿依然存在，特别是壁面的千佛砖，进一步体现了它外观的庄严美"。古建筑专家陈从周先生在参观此塔后也认为，其与宁波育王塔相似，具有浓郁的元初特征。

在临海百姓心中，此塔与城同古，每日开窗即见，是府城的标志性存在。

这座塔确凿的始建年代和塔的功能曾经是一个历史谜团。

自清代以来，学者多以为千佛塔即《嘉定赤城志》卷首《罗城图》所绘之兴善门旁的多宝塔，此图中多宝塔是五层塔，而千佛塔为七层。尽管古代方志图存在写意的成分，但关于塔的层数一般都与实际相符合。至于它是宋塔元修还是梁塔元修则更是争论不休。直到 2016 年在对千佛塔的全身测绘过程中，人们发现了藏在塔内的五种铭文砖。通过临海文保所所长彭连生等人细致的考证后，我们今天终于知道这座塔始建于元大德三年（1299），是一座由官、信、民三方捐资而成的祈福塔。在中国现存的古塔中，元塔极少，千佛塔因珍贵的建筑史价值而被评为全国重点文物保护单位。

自龙兴寺而上，南山殿塔便映入眼帘。这座明代风水古塔始建于万历四十一年（1613），已在此处远眺灵江 400 余年。

随山径环塔而上，再踱至塔下，江面、山风与古城墙交织而成的苍古之意令人流连忘返。

无论从何处进府城，"双塔高悬霄汉间"的蔚然风姿都堪称台州城第一形胜，最是令人难忘。《嘉定赤城志》载"两峰如帢帻，其顶双塔差肩屹立"，此二塔分峙巾山峰顶，一大一小，俗称大小文峰塔。巾山双峰在古代形家看来是一座双鹰峰（鹰，古同"獬豸"，古代传说中的异兽），有振兴台州文脉的意图。两塔都始建于北宋年间。现在攀至东大塔下，我们已见不到旧时环塔而设的栏槛。现在的塔是同治四年（1865）重建的砖混结构塔，但在二层基座部分仍能找到南宋残迹。塔五层六面，每层都设壶门和壁龛，龛内供奉陶佛。层间有用砖叠涩出挑的小檐，而顶部又有葫芦宝瓶刹作收尾。从外形上看，它是四塔中保存最完整的。我们随梯盘旋而上，空间越来越窄小，视野却越来越开阔。这是由于塔体自下而上不断收分造成的空间变化。当我们登临绝顶之时，透过塔上的壶门便可一览临海城之壮丽。塔内题刻众多，其中塔门上"文笔冲（摩）霄"四字最能概括东大塔接天摩云的气象。

西塔塔体完全是宋构。但从外部看，它却具有显著的清代特色。这都是因为塔表面多次被大火焚蚀，清代又在前代基础上屡毁屡修的结果。

临海城除了巾山四塔之外，也是寺院林立、祠庙星罗棋布的佛道之城。其中最著名的寺院有八座。每年正月初八，临海百姓都有走八寺的习俗。此八寺寺名连起一首朗朗上口的小诗："南有天宁北普贤，巾峰兜率两相连。中津直上湖山寺，永庆趴在石佛边。"这些寺院许多都已经消失在历史的烟尘中，唯余龙兴寺（即诗中的天宁寺），于1998年重修。

巾山西麓的龙兴寺初建于唐神龙元年（705），初名神龙寺，距今已有1300多年，寺院门坊上"神龙古刹"四字意指建寺之源起。高僧鉴真第四次东渡前曾驻锡于此。后来日本的高僧最澄也是在龙兴寺中受戒的。门坊后的"贞元风范"即是此意。最澄回日本后，创立了日本天台宗。因此，龙兴寺在佛教东传和中国文化远播日本的过程中起到了至关重要的作用。尽管龙兴寺后来频繁改名，如开元寺、天宁寺，但始终在巾山西麓、千佛塔下兴旺了千年。可惜清末毁于太平军之手。

重建的龙兴寺拉近了寺与城墙的距离。全寺的布局不仅契合唐代寺院的特点，也充分利用了巾山西麓这一场地特征。在寺中，我们可以发现，整座寺院只有钟楼没有鼓楼。据重建龙兴寺的设计师黄大树先生介绍，在大殿前一左一右设置对称的钟楼和鼓楼是宋代以后寺院布局的特点，而在唐代鼓楼是并不存在的。这是他们充分尊重历史，详细研究建筑史而得出的结论。其次，钟楼不在平地上，而是坐落在半山腰上也是考虑地形特点的结果。大殿和山门极具唐构的大气豪迈。柱有卷杀（古建木构件外轮廓采用的艺术处理手法，表现为弧形圆曲的效果），斗拱雄豪，侧脚起翘，皆具唐寺风采。

临海城的中轴线——紫阳古街

几乎每一座古城都有一条老街，但真正能将历史的韵味和生活的滋味两者完美融合的老街却屈指可数。过度商业化和原住民的缺位早已是众多老街的普遍问题，紫阳古街却是一条集历史底蕴和生活况味于一身的理想街巷。

这条南起兴善门，北抵广文路的长街，全长约1080米。至少从可考的宋代开始到现在，紫阳古街在临海城的街巷结构网中就一直未变。它北连北固山，南接灵江和巾山，是一条将临海南北山水联系起来的空间廊道，也是临海城南北向的城市中轴线。所谓城市中轴线不仅是指这条街恰好居于城市中部，也意味着它是临海人城市生活的中心。

沿街商铺林立，商业的活力甚至延续到城门外的中津码头。也正是因为紫阳街与灵江的距离仅在咫尺之间，确保了源源不断的货物通过水运满载而来。古街上的建筑基本上是前店后坊，或下店上宅的布局方式。各色的早餐店、杆秤店、理发店、食品店、老作坊、酒馆、五金店、衣帽店都在街道两侧鳞次栉比排开，五光十色的市井生活每天都在这条街头上演。而它原本就是台州六县人共同的集市所在，古时就有"日日市"的繁盛景象。

紫阳街无论对于城市空间而言，还是城市生活而言，都是临海城不可阻塞的"动脉"。

临海是宋代道教南宗始祖张伯端的故里，紫阳古街便也因此与道结缘。

顺政坊

紫阳街是临海千年古城的一条重要文脉，也是古城遗制的缩影。它北连北固山，南接灵江和巾山，形成城市的南北中轴线。宋代道教南宗始祖张伯端的故里即在临海，紫阳古街便也因此与道结缘。这条街保留了唐代的坊墙和众多的明清建筑，古意盎然。沿街商铺林立，许多古老手工艺依旧在这里传承，焕发新的生命力。

摄影/吴艳

张伯端，别称紫阳真人，他所著的《悟真篇》是道教南宗思想的核心。为了纪念他，这条古街在1998年被正式更名为紫阳古街。"紫阳"之名赋予了这条千年长街以浓厚的仙道色彩。在宋代，古街的北端就是以一座悟真庙作为收束。悟真庙偏南又有悟真坊，都是宋人为纪念这位祖师而建。张伯端的故居就在与紫阳街垂直的樱珠巷里，后来，雍正皇帝命人在其故居处敕建紫阳宫。而今，紫阳宫和悟真庙早已随尘而去，悟真坊的坊墙却依然矗立在那里。

像悟真坊一样的坊墙，紫阳古街上每隔几十米就有一座，现存共有五座，每座都有自己的名字，从北到南分别称：悟真坊，奉仙坊，迎仙坊，清河坊，永靖坊。坊墙的名字即代表这段街区的名称，属于台州城唐宋里坊制的遗迹，也是紫阳古街区别于众多古街的最大特色。

唐代实行宵禁制，为了管理方便，城市被划分成多个封闭的里坊，每个里坊都有高高的坊墙矗立。宋代，随着商品经济的不断繁荣，封闭的里坊逐渐开放，进而走向瓦解。宋以后街巷制取代了里坊制，坊墙也随之消失。但在临海城的紫阳古街和西门街仍然保留下了中古城市的坊墙做法。它们将长长的街道切分成相互联系的几段，带来街道空间的节奏变化，也给生活在每一段坊墙内的居民以家的归属感。现存坊墙都用青砖砌筑，高三丈有余，宽五六丈，下部开半圆形的过街拱门洞，门洞上设字堂，堂间点坊名，坊墙顶部以马头墙收结。

这些坊墙还是街区间的防火隔离墙。历史上的紫阳古街多次受到火灾侵扰，清光绪十七年（1891），台州知府李鸣梧拨款在临海城中建造九座坊墙以防火势蔓延。坊墙和民居之间的各色防火墙，与散落街弄之间的古井相互结合，形成老街区完整的防火系统。

这条城市动脉也一度建筑破败，街道管线杂乱，居民欠缺基本的现代生活设施。21世纪初，黄大树带领团队对老街进行了改造和修复。他认为紫阳古街的修复并不全是文物修复，在恢复沿街风貌的同时，改善原住民的生活水平亦是重中之重。他们根据建筑的年代和文物级别采取了针对性的改造措施，对于明清和民国建筑严格按照文物修缮的标准执行。为了保持街道空间层次错落疏密有致，他们在倒塌用地上复建了一部分建筑。与此同时，还为古街和沿街民居增加了生活设施，每户民居都重新设置了厨房、卫生间下水道等硬件设施。为了降低古街的人口密度，紫阳街进行了原住民的疏解。1/3原住民搬出，2/3原住民回归。这个举措既确保了老街原本的活力，也大大提高了原住民的生活水平。注入了新生命的紫阳古街又成了临海城的一张新名片。

台州文脉的薪火

佛道互融的临海，其实也是一座崇文之城。文物衣冠，蔚为东南之望。特别是自宋代起，儒风鼎盛，世有"小邹鲁"的美誉。

百代人杰出台州，两宋以来，临海更是孕育了一大批影响中国历史文化进程的英杰。明代的王士性是其中最出色的人物之一。

台州府文庙始建于北宋宝元二年（1039），是州学之所在。到了明清时期，台州文庙府学规模有所扩大，是当时台州最大的文庙府学。2002年，仿康熙旧制以复建。图为民国时期，回浦中学第六期毕业生在台州文庙前合影。供图／临海市文物保护管理所

他在人文地理上的贡献尤在徐霞客之上。他著述颇丰，《广志绎》、《广游志》、《五岳游草》等地理名作对后世的地理学研究产生了深远的影响。由他建造的白鸥庄更是园林史上文士园林的典范。

台州千年以来儒学之风的兴盛首功当归郑虔。后世台州士人普遍认为郑虔乃"吾台斯文之祖"。当他在唐至德二年（757）来到台州之时，台州还是"地阔海溟溟"之地，学风未开，文教不兴。他设学馆，收子弟，以教化民众。去世后，台州城人即以其家为

祠祀之，因郑虔曾为广文博士而改名郑广文祠。祠原在城中户曹巷，康熙年间迁移至北固山八仙岩下。千年以来，它历经十三次修葺。1989年，祠又在清代基础上重修和扩建，并改名为郑广文纪念馆。

祠依山而建，从外侧道路至背后小园，高差变化剧烈，但正是原本作为劣势的高差带来了山地祠庙与众不同的特性。我们随着三层石台拾级而上，内凹的八字山门上"唐代古祠"四个大字赫然在目。入内，又一段石梯引导至大殿。殿内正中供奉郑虔像，两

侧陈设以郑虔生平绝艺为主题。外部回廊上，石碑数列。越往祠后，空间越幽僻，入内，竟有世外桃源、人间仙境之感。这是一座始建于清康熙年间的小园林。因它背后山岩形似八仙而得名八仙岩。整座小园覆盖在一株硕大的古樟之下。园中有台形似八卦，台上置塔亦如丹炉。环台碧水滢滢，瑶草鲜花随水而生。

此园因地制宜，因岩造势，完全利用真山而达园林之效。最吸引人的是嶙峋的山石上历代以来的摩崖石刻。"紫府""漱石""止境"等多处石间古字令人颇生洞天福地之感。八仙岩处向为古来文人雅集唱和之所，而每一方不同年代的刻字都是一次雅集留下的历史印记。

郑广文祠前儒后道，互补互滋的特性是临海城对儒道文化兼容并包的反照。而这种融合也恰恰促成了临海文化的独特性。

将郑虔的事业发扬光大，使台州文脉绵绵不绝的是台州文庙。

府城中曾有两座文庙，一座是府儒学，一座是县儒学。它们都曾是府城文化人心中的灯塔。可惜县学文庙早已不存，只有府学文庙仍矗立在府前街的浓荫密布里。除了宋明清 1094 名进士外，这座文庙的朱门大院里还走出过六位宰相。

文庙始建于宋宝元二年（1039），它在当时最大的贡献是创造出庙学合一的新型制。由于回浦路的扩建，文庙规模缩减，原来文庙前的牌坊、棂星门和泮池组成的纵向序列被一座大成门所取代。从大成门的门柱间中望去，即是临海城中最气势恢宏的木结构建筑——文庙中礼制等级最高的大成殿。这座建筑还基本保持着清康熙十三年（1674）重建时的不凡气度和古拙木构，是目前浙江省内现存最高大的大成殿。从外形上看，双重檐、深屋檐、九脊顶和飘逸起翘的屋角给了这座大殿卓尔不群的超拔形象。内部高敞的空间中，8 根 10 米高、1.6 米粗的硕大木柱擎托起宽大的木梁。孔子神像就在大成殿当心间的神龛之中，现在仍是莘莘学子朝礼膜拜的对象。

大成殿殿前庭院两侧配东西廊庑。殿前设杏坛，殿后有明伦堂。每到孔子诞辰之日，盛大的朝拜仪式仍在府城中一年又一年延续。

清同治十一年（1872），源自郑广文祠承自文庙的教育功业又接续到了刚刚创办的广文书院身上。这座选址于北固山麓的书院，后来被改名为三台书院，民国年间又改名为浙江省第六中学，为台州文化的近现代之路打下了根基。

卜居乃此地，共井为比邻

临海是一座井城。每一口井都有自己的特色，自己的故事。紫阳古街的千佛井、瓮城里的六边井、钱俶留下的泉井洋古井、奇形怪状的三眼井、墙内墙外皆可用的半边井、用于制酱的酱园勺泉井……都是临海的名井。城与井的渊源之深也可从街巷的命名中管窥一豹。三井巷、井头街、竹园井、泉井洋路等一系列街巷皆以井而名。

井，曾是家家户户最主要的饮用水来源。对饮水思源的中国人而言，每一口古井虽为生活而凿，却都寄托着故乡、族群、社会等特殊的文化精神。它也是每个人，每个家庭的聚居空间的代称。以古井为中心的井台空间，是联系邻里、家园的日常纽带。但在飞速的城市化发展中，这些古井大部分早已经被淹没在废墟中。也许只有在台州府城内，你才能找到那个传统中国城市最具家园意味的大规模的井群空间。

台州府城的城墙蜿蜒曲折于山川河湖之间，是每个人都能感受到的府城之魅。与之相比，府城内的古井却有点养在深闺人不识的意味。但只要你在府城呆得够久，逛得够多，你总能在寻常巷陌中找到那充满古趣的一方方小井。巷子的尽端、街道的拐角、巾子山、北固山、城墙内、台门道地里等任何一处角落都有它们的形影。

据 1953 年的官方调查，台州城内有古井 786 口。又据叶建松先生在《台州府城古井》一书中实地走访统计，现仍存 393 口古井，其中 315 口古井仍在被使用。这样规模的井群遗存即使在全国都是罕见而唯一的。古井的建成和使用年代包括了晋、唐、宋、元、明、清和民国各个时代，这几乎就是临海城的历史跨度，其中大部分古井都为公井，这很可能是这些古井之所以还大规模留存至今的一个重要原因。

临海为何有如此之多的井呢？

这和府城绝妙的选址是分不开的。临海的地质结构整体上属于断陷性堆质盆地，这是一种含水量充沛的海湾相沉积地质。府城所在山环水抱的谷地环境，正是各路山水泉流交汇之地。相传李淳风"相度郡城"时，就应天上二十八星宿建造了二十八口古井，

取名"二十八宿井"。它们如繁星散落在千家万户之间。当然，这不过是李淳风寄予这座城市的一种美好的风水布局，可惜今日，我们已经无法弄清究竟哪些古井为当初的星宿寓意了。传说的背后则是一种深层次的城市设计理念，它所建构的是最低级别的城市微型公共空间。从最初的 28 口井到 1953 年的 786 口井，亦反映出台州城1400 年来，城市规模不断扩展，人口增加，聚居空间不断密集，以及城市公共空间不断细化的过程。

每一口井都能形成一个以其为核心的小型公共空间。在高密度的府城内，井台流泻出舒展灵动的意蕴。它又是棋盘式街巷中变化的要素，往往坐落在街道的凹口拐角，给平直的巷弄带来意料之外的趣味。伴随古井而生的常有各种古木藤萝。十伞巷 28 号前，两株 400 年前的明代古银杏一左一右傍井而生，每当秋风瑟瑟之时，金黄的银杏与古井组合成美丽的秋日小品，成了这条巷子的标志性景致。在四顾巷 32 号墙角下，一口圆形清代古井边，有柚树环井而植。冬季，挂满枝头的金黄柚子像一盏盏香灯，井台空间覆盖在清芬之下。有时，成熟的柚子坠落井中，且浮且沉，如一幅生动小画，别有一番江南味道。府城的古井多呈圆形或多边形，井口常为一块经过岁月磨砺的整石。井边，另有石水槽、石盆和石头洗衣台，这三件套与古井相映成趣，古老的生活方式仍然在井台角落中缓慢延续。

众多的古井中最著名的要数位于紫阳古街南端的千佛井。

这口井开凿于元代，历来是台州府城名

台州府城拥有全国罕见的井群遗存，曾有古井 700 余口，现在仍有 315 口古井被千家万户使用。紫阳街上的千佛井开凿于元代，又叫"双眼井"。传说府城巾山上建造了大小文峰双塔后，常有火神出没，皆因一座千佛井难镇两塔。于是，古人便机智地将井口做成双眼以达到平衡之态。

摄影／许爱华

胜之一。它的开凿与紫阳古街一侧龙兴寺内的千佛塔有莫大的关联。一塔一井，一实一虚，一天一地相仿相对。塔身佛砖有阳刻千佛，而井壁内佛砖有阴刻石佛。"塔佛上天，井佛入地"的民间说法一直在坊间流传。当我们步入紫阳街与四顾巷街口的时候，尚能看到一块刻有"千佛井"三个大字的乾隆年间的石碑。石碑之下是紫阳街一侧宽阔的井台，井台正中即是那座被石栏相围的古井。井口有两只石井圈，俗称"双眼井"。这别致的双眼井口暗藏了一个有趣的故事。传说府城巾山上建造了大小文峰双塔后，常有火神祝融出没，皆因一座千佛井难镇两塔。于是，古人便机智地将井口做成双眼以达到平衡之态。这也恰恰体现了古人基于风水思想而生的城市空间理念。回首下视井内，千佛与泓碧同清，苍古之意犹存。

台州城内群落状的古井实为除城墙以外的第二大特色。未来的保护更应当站在城市整体空间的角度去保护井群群落，优化细化每一处有井水饮处的井台空间，才能更好地留存古城的一种生活模式，一段段关于井的动人故事。

不拘一格的府城古民居

台州城还留存着大量古朴的传统民居，特别是紫阳古街两侧和府城西片保存最为完整。历史上的台州城历代都出人杰。"千年台州府，满街文化人"是美誉，也是真实的写照。大量的名人及其家族留下了一座又一座的高门宅院，如骑尉第、梅花老屋、三大

夫古宅群、辛亥革命烈士杨哲商故居、洪颐煊故居、状元楼都曾是临海城内家喻户晓的名宅。著书抗战的地理学家邬翰芳故居就在戚继光街 41 号；环境清幽的大弓巷 16 号曾是文学家蒋径三的家；音乐家华文宪故居藏在紫阳街 199 后的小巷子里……人因宅而立，宅因人而兴。解读民居，就是解读名人成长的环境。

台州民居属浙东民居谱系，它根据所处环境发展出一套别无二致的自身特色。台州民居兴起于明，成熟于清，在民国年间又受到西洋文化的影响，其中的府城民居成为佼佼者，每个时代都有不同的代表性案例。双台门、石道地和浙东马头墙、马鞍墙是临海民居最大的特色。根据规模的不同，临海民居又有不同的叫法，十三间四合院和全台型四合院是小型民居的代称。三台九明堂可以说是台州民居中最高规格的民居形制，但后来越来越代指规模庞大的豪宅。最后，它变成了身份和等级的象征。在普通百姓眼中，凡有宅院处，皆称"三台九明堂"，以示尊贵和地位。

正因为三台九明堂被不断延伸为大宅的象征，关于它最初的准确形制，各类书籍、当地学者和百姓都是众说纷纭，难有一个统一的标准。但我们仍能得到一些共识。所谓"台"是在民居中被用来代称院落的数量。口字形的四合院称为全台，日字形的四合院称为双台，而目字形的四合院即称为三台。但关于明堂的说法就显得颇具争议。《浙江民居》一书认为台州民居中保留下了极为古老的四向明堂之制：以正院为中心，南客厅，北正厅，东西横厅。因此九明堂即是指三个

图为民国十九年（1930）绅士马翰卿宅居的东小院山墙。采用传统壳灰（蛎灰）堆塑成传统吉庆图案，可见福禄寿三星、童子绕膝、侍童撑扇的喜庆场景，人物栩栩如生，线条细腻，堪称临海灰塑一绝。摄影／彭连生

相互连贯的目字型院落中的九座厅堂（门屋不计入厅堂）。

也许是由于战争频繁的原因，台州城中现存的四合院规模都不算大。今天，当我们徜徉在临海城街头时，已经很难找到台州人心目中完整的三台九明堂，位于三大夫巷的清代三大夫古宅群可算保存较好，其中的罗家双台门原是三座院落中轴相对，可惜后座已被拆除。

小规模的典型十三间四合院却满布全城。十三间宅院往往是正屋七间，两侧厢房各三间。不过大部分十三间都会根据各自的地形有所变化。如府城十分著名的"梅花老屋"即是在十三间背后，再拖一对东西向的辅房，当地称"凤凰翼"。这座宅院是乾隆年间的诗画名家傅啸生的故居。他有诗句"故园也有梅千树"，因而在南山墙外院中植有

一株老梅，自称为"梅花老屋"。厅前悬挂有篆隶刻制的"梅花老屋"横匾。梅花傲骨，高洁，是主人品格的象征。这座老屋也因此誉满全城。隐在大弓巷的这座老宅如今已不闻梅香阵阵，唯有秋日里一树丹桂点缀着老屋的古趣。

还有一种楼阁式四合院民居当为府城民居之典范。杨哲商故居原是一座比较典型的十三间院，只是在山墙面前伸出一组对称的阁楼，整座民居的临街面造型顿生光辉。楼阁上设歇山屋面，整座建筑因此屋角飞动，形式灵巧，一改大部分山墙面造型上的层次单薄。在明清以后的传统民居中，山墙面往往是较为封闭的实面，而临海城许多民居却突破制式，常在山墙面加披檐，巧得别出心裁的形式。

回浦路上的云古斋是府城内保存下来的一处典型的明代民居。它原是陈氏宅，因在清咸丰十一年（1861）成为太平军侍王李世贤的办公场所而得名"太平天国"台门，朝向回浦路的内凹八字形门头是它的显著特征。这座古宅中堂无楼，两侧厢房却有楼房，尽显明代样式。其中正屋七开间，空间高敞开阔。梁柱交接处多施斗拱，而在檐廊下古拙的斜撑像蝴蝶的翅膀一般飞展向两翼，这是台州大木作中最具代表性的特点，隐隐间有宋元时代的上昂之意。更铺巷的蒋宅也与云古斋的风格如出一辙。

临海民居的另一个特色是清代以后的马头墙形式丰富生动，不拘一格，多有变化。邓巷洪宅是一座十三间的三合院，它的正屋

紫阳古街两侧和府城西片留存着大量
古朴的传统民居，当地称江南四合院，
双台门、石道地和浙东马头墙是其三
大特色。最高规格的民居形制"三台
九明堂"可谓豪宅，已很难见到，但
小规格的"十三间四合院"却不少。
摄影 / 朱宣丞

两山和两厢房山面都做有生动的马头墙。其中正屋两山采用较为常见的跌落式马头墙，依随双坡的坡度，做成前三后六的形式。而两山面马头墙由于在入口处，因此整体造型形似蘑菇，中部高起，与两侧跌落处以细腻柔顺的曲线和缓过渡。为打破山墙面过实的缺陷，山墙高处设方形景窗，景窗中雕有金猴和梅花鹿，栩栩如生。在景窗之下是一对六边形的花窗，它亦是临海府城马头墙的一大特色做法。三大夫古宅群大门两侧的马头墙和大门都用弧形的元素巧妙地取得了联系。梅花老屋的跌落式马头墙虽然采用常规的形式，但每一段都有微微的反翘，使原本可能过于平直的线条变得灵动。

与江南一带其他古城相比，临海古城因为拥有这座可为北京明长城"师范"和"蓝本"的古城墙，妩媚中平添了英武豪迈之气。而城墙内外，一步一景，将人与城紧紧相系，不论是生活其间的居民，还是旅行至此的游人，古城都是一个通达典雅，既宜居又宜优游玩赏的地方。

桃渚古城：
一半澎湃，一半田园

撰文
心匠

浙江台州临海的东海边陲，遗落着一座周环以石的古城堡。它最早的名字叫"桃枝头"或"桃枝头山"，在宋代陈耆卿编纂的《嘉定赤城志》卷首的台州《州境图》中赫然在目。明洪武二十年（1387），在设置千户所时，被改为"桃渚"，此后，它便与那场轰轰烈烈的抗倭战争命运相连。

自宋末元初开始，东来的倭乱渐起，至明初已成大患。面对从海上而来的倭寇，明人在前代基础上构想出一套严密的以卫所制为核心的海防体系。"自京师达于郡县，皆立卫所制"，由此构建了明代军事制度的基础。"卫"比"所"高一级，相当于一个战区的指挥中心，一般一卫统辖五个千户所。五千六百人为一卫，一千一百二十人为一所，以此人口规模建造卫城和所城。卫所下又设关、寨、台、烽堠和巡检司，构成一套完整的联合防御体系。曾辅佐朱元璋夺取天下的开国名将汤和，在结束近40余年戎马生涯、告老还乡后，又被请出，主持筑建卫所，在大明漫长的海岸线上共筑59座城池。桃渚千户所城即是这最初的59城之一。

六百余年沧海桑田，当年这些坚固的抗倭城池大部分早已面目全非，而像桃渚城这样在古城选址、城墙筑造、城池结构和形态、海防聚落空间上仍然完整保存了明代所城形制的城池更是寥寥可数。它既是考察明朝抗倭战争的重要历史遗存，也是中国传统城池建造史上的一笔珍贵记录。

城址三迁，环山而建

这样一个对今人来说难得的抗倭遗迹，明初之人在设置它时，一度有过争议。这与整个台州府的卫所布局有关。滨海的浙江台州府，在明洪武至正德年间，短短的150余年时间里，共受到十次倭寇侵袭。面对严峻的防御形势，明代在台州府筑有两卫六所。桃渚所隶属海门卫，北与健跳所，西与府城，南与前所各自互成犄角。明初，有人认为南近海门卫（当时前所并未设立），北近健跳所的桃渚设所并无必要，一旦有战事可用战舰飞速抵达。实际上，桃渚到海门卫虽仅四十里，但若从海上应援却是远路行军，需花两日。健跳所和桃渚所之间地形复杂，更

位于临海市桃渚仙城里村的桃渚古城，始筑于明洪武二十年（1387），为防御倭寇入侵而建。历史上曾三度迁移，最终形成了一个由民间古宅、海防设施、军事街巷共同构成的风情街区。古城既有山海的壮阔，又得四时田园之乐。在时代变迁中，不仅完整保存了明清风貌，世外桃源般的恬静岁月亦在此延续。摄影/黄鹏旺

桃渚位于临海东部滨海一带，一座明代古城坐拥山海美景。"渚"即水中陆地，桃江清流被群峰包围成大小不一的沙洲，星罗棋布，渚上一派四季斑斓的田园风光。临海国家地质公园亦在其中。距今约 9500—6500 万年间的白垩纪火山活动，造成了这里奇美的地貌，孤峰、岩洞、怪石、瀑布、海滩……随处可观层状火山岩断裂构造和垂直柱状节理等独特地质构造，仿佛世间奇景尽皆容纳至此。

摄影 / 朱云雷

桃渚古城现除垛口外，城墙主体及三
个城门（包括瓮城）均保持完好。从
东门到西门一条主街贯穿，主街以北
还有一条与主街平行的次街，依傍由
西向东穿城而过的化龙渠。街巷遍布
明清风格民居、庙宇和水井，古朴典雅。
摄影／覃光辉

加难以快速驰援。另一方面，在当时东边一
大片滩涂尚未成陆的情况下，既临海湾又是
桃渚港出海口的桃渚是海防的绝对薄弱点。
一旦桃渚被突破，倭寇很容易直接南下攻击
海门卫，或者向西直接攻击台州府城。因此
无论是从卫所区域联防，还是从桃渚特殊的
地理地形特点，抑或拱卫卫城、府城来说，
桃渚设置所城都是必要的选择。

后来的历史也证明了这种选择的正确
性。桃渚一带一度成为倭寇侵袭的重点。在
这样的形势下，桃渚所城的选址就变得极为

关键。正是在与倭寇的一次次较量中，桃渚
城通过城址三迁，逐步改良，最终形成了固
若金汤的城池。

明洪武二十九年（1396）九月，汤和
始筑桃渚所城，最初选址在今上盘镇新城村
城里旧城山，史称下旧城，城主体由夯土砌
筑。其选址不可谓不绝胜："三面滨海，东
临圣塘门，接轻盈山，南襟海涂，北扼桃渚
港"。此处离海仅一千米，四面环山，直面
海湾，是控扼倭寇从外海进入的要塞之地。
下旧城建造在山坳中，东、北、南三面接山，独西面豁口较为平坦，易受攻击。汤和高筑城墙以弥补防御之劣势。但由于离海过近，下旧城常年受到海水袭城困扰。台风侵袭之日，暴雨如注，城池被淹，房舍漂浮水中的惨状时有发生。祸不单行的是，每次暴风雨来临之际常常又是倭寇袭城之时。究其原因，还是因为下旧城所在为地势低平处，特别是西面极易受到攻击，而且离其他卫所又过远，难以形成联防。

在饱受海水和倭寇侵扰后，所城后退十里，迁至今桃渚镇中城村，此即中旧城。这次迁城没有具体记载，但应当在明宣德四年（1429）下旧城被倭寇大破之后。

中旧城仅东北方向有山相围，其余三面都是低洼的滩涂。因河港密集，倭寇极易通过水道攻城。当时此处东面尚未完全成陆，一旦涨潮，亦容易遭受侵袭，军事防御形势远不如下旧城。在下旧城城破十年后的明正统四年（1439），倭寇再次大举进攻，中旧城城破，"官庾民舍，焚劫一空"。当时朝廷派户部侍郎焦宏、监察御史高峻考察后，认为中旧城"在临邑海崖之巅，势甚孤危，适足以饵寇，且潮汐冲激，弗克宁居"。因此他们主张再度迁城。

明正统七年（1442），桃渚城再后退十里迁至上旧城（今址城里村），也就是今天的桃渚古城所在。《桃渚千户所迁城记》一文中记载此次迁城云"乃集藩宪及都司臣僚，佥议内徙十里许，地曰芙蓉，规划既定，召匠抡材，乃筑乃构，聿底于成"。从大环境看，此地西南北三面山峦包夹，防御纵深很长。独有东面易受攻击，但容易诱敌深入，可将敌寇引入低矮的盆地型

包围圈中。此地又在桃渚港上游，地势较高，很难受到海潮侵袭的困扰。从小环境看，上旧城处在南北两山夹峙的谷地中，北屏将台山，南对石柱山，西面又有芙蓉岭和小芝岭，自然地形带来的防守条件远远优于下旧城和中旧城。第三次迁城以后，桃渚城改用石头砌筑，这便是今日东海边留存的这座石头城的雏形。

上旧城城堡在桃渚港冲出群山的豁口。此地西近群峰，东濒大海，是山海相会的要冲之地，一旦失守，倭寇可通过山间谷地长驱直入，入侵台州府城，抑或向南包袭海门卫。所以这个关隘处防守之必要性不言而喻。倭寇也恰恰看中此处的重要性，因此在嘉靖二十六年（1547）再次入侵桃渚。此次桃渚城利用地利经受住了考验。嘉靖三十八年（1559）倭寇再次来袭，桃渚据城而守，军民奋力坚持七天七夜，最后戚继光从宁波派兵驰援，取得了著名的桃渚大捷。

桃渚城三迁的过程十分生动地显示了古代城池选址的要点。三城虽然各有优势和短板，但全都选址在山环之地，凭山设防、凭高据守都是所城选址的基本要点。

石城固若金汤

桃渚城迁至上旧城后，为何能抵住倭寇的多次侵袭？除了选址以外，还因为它建构了一套完整的多重防御体系。这并非一蹴而就，而是在多次与敌对战中不断修筑，加固完善而成。最重要的一次修筑是在嘉靖三十八年，戚继光取得桃渚大捷之后，这座

桃渚城三道城门外都有一道重门，以半圆形的围合空间构成里门之外的又一道防线，谓之"瓮城"。战时，守城将士利用瓮城阻击倭寇。如今，城里的老人还保持着原来的习惯，每天西门进、东门出，而城门处已成小小集市，人们在此摆摊、购物，十分热闹。摄影/许小华

↑ 今日的桃渚城仍保存着明代的摩崖题刻，"眺远"二字刻在后所山之东北角的巨岩上，左为"明楚将军胡海题"款，但题字者生平不详，推测为明弘治年间（1488—1505）的浙江按察使司金事胡海。摄影/王骏

↓ 桃渚古城历经了一段荡气回肠的烽火岁月后，渐渐回归田园生活。城中的人们遵从过往的传统风俗习惯，婚丧嫁娶，岁时节庆，无不带有鲜明的地域色彩。摄影/杨勇

石头城便几乎完整保留至今。

凭山而守是防御的第一重保障。桃渚城城池北面依后所山，地势险峻，南面地势低平。城池主体建造在平地上，坐北朝南，经纬明晰，整体布局十分方正，可以看出受到了《考工记·匠人营国篇》中关于城市规划思想的影响，平地起险，孤峰独峙。城池北面渐与山地相接，轮廓蜿蜒曲折，建筑也多依随地形呈自然状，绝妙的是将后所山的一大半也包入城内。

整座城池环以城墙，它是城池安全最基本的保证。《临海县志》记载："城高二丈一尺，周围二里七十步。"按今天的实测数据，城周长为1366米，平均宽度在5米左右，平均高度在4.6米左右。城墙剖面大致呈梯形，全以严丝合缝的石材垒砌。城墙上设有雉堞，雉堞上曾设有垛墙，不仅可增加城墙之高，也可保护士兵免受攻击。垛墙间留有垛口可架设武器，对外攻击。可惜这些砖砌垛墙已经在清顺治十八年（1661）迁海时被拆毁。

北面城墙凭山，巧筑在后所山山冈上。它占据着城池的制高点，无论是侦查瞭望还是防守都是最佳位置。东西南三面城墙筑造在平地上。为了改善这三面易受攻击的弱点，戚继光在这三面城墙外，依城增筑壕沟，形成人工天堑。

城门是城墙中防守最薄弱处。桃渚城共设有三道城门，它们全都设计成了瓮城形制，这是柳应时任千户时完成的改造，进一步加强了防御性。瓮城具有很强的迷惑性，在城墙外部并不能察觉内部空间。当敌军侵入瓮城时，将城门关闭，可瓮中捉鳖，全歼敌军。

桃渚城的城门皆施拱券（一种建筑方法，用石块拼接形成拱形结构。除了竖向荷重时具有良好的承重特性外，还起着装饰美化的作用），城门上还设有城楼。城楼的作用不言而喻，一方面可起到威慑倭寇的作用，另一方面也是瞭望观察敌情的制高点。瓮城、城门与城楼互为一体，共同弥补了城门防守的不足。

敌台是城墙防守中极为重要的要素。明代《武备志》的作者茅元仪甚至认为"有城无台，亦如无城"。敌台往往凸出于城墙，形成马面形式，起到横向防御的作用。当倭寇攻击城池时可与周边的城墙和马面形成三面区域联防。正如戚继光所言："两台相应，左右相救，骑墙面立。"桃渚城池原有敌台十四座，现仅存十二座。东城墙三座，西南城墙各两座，北城墙一座，四城墙拐角各一座。仔细分析桃渚城的敌台分布，可以发现，最易受攻击的东南城墙数量最多，另外防守薄弱的角部也以敌台加强防御。而在北面易守难攻处敌台数量最少。当然，敌台的数量还与攻击距离有关，两者间的间距要在适宜的范围内，因为太远容易矢石无力，太近容易相互自伤。

正是在桃渚城，戚继光根据冷兵器作战的长年经验，创造了双层空心敌台，这在中国军事史上是开创性的发明。在此之前，城池只有实心敌台，它容易使将士暴露在外，攻击效率也低。空心敌台则一改劣势，内部中空，四面开窗，士兵可在外墙的掩护下瞭望观察，同时又能在暗中向敌军发起攻击而不易被察觉。往往于临濠侧设置坚固的大石，从外部看上去仿佛只有一层，其实设有两层，桃渚清代民居廊檐下，梁柱交接处多施蝴蝶形斗拱，虽然带着很强的清代民居的装饰性，但两翼飞升的斜撑隐隐间有宋元时上昂做法的余韵。

插画／曾玥

木楼隐藏在屋顶女墙之后，有梯与台下相连，这样十分容易迷惑敌军。

空心敌台宜高峻而不宜横阔，越高峻越易侦察，同时也更容易给敌人形成包围之势。戚继光认为桃渚城"东西一角为薮泽，蔽塞不通"，于是它在东西两角创建了空心敌台，使桃渚城变成"城上有台，台上有楼，高下深广，相地宜以曲全，悬瞭城外，纤悉莫隐藏"的金城汤池。

城墙、瓮城、城楼、敌台形成桃渚城的最强防御。在城墙内侧，环城墙设内部环路，环路与城墙之间每隔一定距离设蹬道（有踏级的道路），以备应急需要。其他主要道路结构呈"十"字形，街道的交汇处设鼓楼，每到倭寇来袭，敲鼓，以示警戒。东西向的主干路连接东西城门，但并不完全平直，而是有一定的弧线，以防止街道形成对穿。南北向的主干路自南城门一直延续到后所山山脚下，在中部略有折拐，在视线上亦不通。其他支路都交汇在这两条干道上，基本上都相互分节错位而设。这都是以防一旦倭寇攻破城墙之后，便于在城池中展开巷战而预留隐蔽的空间。

迁移到上旧城的桃渚城在选址、地形利用、城池营造、城墙设计、内部街巷架构中都充分体现出一座军事所城的防御性需求，种种巧妙设计使它抵御了一次又一次倭寇攻袭，可谓固若金汤。

烽烟散去，回归恬淡

"封侯非我意，但愿海波平"，戚继光的理想终于实现。

随着轰轰烈烈的抗倭战争的结束，桃渚城逐渐退出了历史的中心舞台。明时征战地，而今已成一座东海边的山水小城，烽烟散去，它最终回归于春耕秋收的田园牧歌里。

如今，已经是全国文物保护单位的桃渚古城，充满着浓厚的生活况味。在横贯东西城门的中街上，繁忙的街道市集保持着"日日市"的传统。每天早上，街道两侧地摊上摆满了琳琅满目的货物，临街的店铺多为本地居民所有，店铺之后往往是家宅所在。从城门进入街道，古朴雅致的街巷令人仿佛穿越回了明清时代。当年崔溥所见在这条街上全城军民同仇敌忾、整束待敌的场景，已经变成了恬淡的市井生活。西城门内外是集市最繁忙的地方，人们以石城门为靠壁摆开各式摊位，这何尝不是古城门的一种新用途。古老建筑遗存与当地生活的紧密贴合，构成了独特的田园景致，令每一个初来乍见的人心生感动。

桃渚城内还有不少气派的明清民居。它们曾经的主人有的是当年军民后裔，有的则是在桃渚蜕变为海滨集镇以后迁徙至此。同治六年（1867）的武举柳之翰，就是当年将桃渚城门改成瓮城形制的柳氏第五代后裔。他的故居建造于明末，是整个桃渚城内现存最古老的民居。原宅门额上曾悬"武魁"

桃渚城内每逢农历尾数五或七日，便是圩场赶集日。城外的人们也闻讯而来，古老的青石板路上摆满了各式各样的生鲜果蔬和生活用品，购物之余，熟人相遇问好，闲话家常，温暖的市井人情气息萦绕在古城四处。

摄影／赵正勇

桃渚城墙并不高峻，城内是鸡犬相闻的淳朴日常，城外则田畴坦荡，桃江由西向东蜿蜒流淌，十三渚、武坑峰林、玉壶仙岩……一众胜景皆去城不过数里，触目一片山水诗意。

摄影／张勤

匾额，门前旗杆石高高兀立，可惜这样气派雄豪的门面现在已经看不到了。走进宅内，楼屋虽已破败，但尚可见几行题在宅墙上当年中举时的捷报。

城中最豪华气派的是面临主街的郎德丰、郎家里民居。它们都是清中晚期所建。这两座宅邸无论是所处位置，还是民居营构，尽显郎氏为桃渚世家的地位。郎家里是郎氏第八代后裔郎昌滁所建，前后共有两进院落。离郎家里不远的郎德丰则是郎氏第九代后裔郎子恒所建，临街设有高大的照墙，内部院落规模庞大，共有楼房30间，平屋22间。

桃渚民居近山滨海，又有很强的防御性需求，因此民居的底部墙裙常用乱石墙砌筑，石墙上再砌青砖，既文雅又古朴。石墙裙略向外侧倾斜，起到稳固墙基的作用。有的房舍从墙基到墙顶完全用石头砌成，形成另一种独特的石屋。外墙花窗也普遍用整石凿镂而成，形式多变，雕刻玲珑。与外侧砖石为主的硬质墙面不同，内部朝向内院的檐廊、厢房，尽是柔软的木质构造。有的木纹花窗上还镶嵌有独特的蓝色宝石，令人联想起城外不远处的浩瀚大海。最为别致的是檐下的斗拱，上昂如两翼，为台州一带民居所特有。桃渚民居外观一如桃渚城，皆为一座座封闭的砖石堡垒，但走进内部，却是另一番开阔，别用洞天。

除了民居以外，桃渚城里的各色庙宇亦为之增色。这些庙宇原为安抚军人而设，现已成为城里村人娱乐酬神的场所。一进东门，就可瞥见一座初建于明成化、重建于清的关帝庙，供奉的即是武圣关羽。在桃渚城这样一个曾经的军事重城，武圣庙的地位自然非

同一般，大殿内还藏有一条竹制盘龙，据庙祝介绍每当关公生日，就会举行庙会，盘龙就是庙会时所用。

武可保家国，文可治天下。抗倭英雄戚继光亦是一代词宗，时时以戚继光为榜样的桃渚人在崇武的同时，也没有忘记孔孟之道。在和平年代，手中的长矛换成镰刀之后，桃渚人也日渐向耕读传家的主流社会风俗靠拢，城中依旧香烟袅袅的文昌阁就是桃渚人崇义的证明。晚清年间，桃渚城还出了一位经学名家尤莹，他所撰写的《桃城识略》是最早记录这座古城风貌的专著。

滨海的桃渚人在解甲之后的另一条生计出路就是出海打鱼。社会职业的变化促使了天妃宫的诞生。天妃宫祭祀的是天后娘娘林默娘，即民间俗称的妈祖，是保佑出海的渔民平安返家的神。她的庙宇也因此建造在后所山山腰高阜处，在那里可透过城墙远眺大海。在天妃宫一侧还有一盏世所罕见的元末明初的石柱天灯，满身刻有佛号。它很有可能是一座指明方位的信号灯。民间的信仰和建筑空间就这样建立起了意义深长的联系。

文武庙、天妃宫和西城门口的赵公殿、后所山麓的观音堂一起构成包罗桃渚城生活方方面面的庙宇体系。庙宇建筑的系统性留存和分功能使用是桃渚城社会生活仍崇古的证明，这真是一座仍存活着的古城。

古城的魅力，在于它既承载着种种过往，又在延展未来。作为全国保存最完整的所城之一，桃渚古城为明代那段烽烟四起的抗倭战争留下了鲜活的遗迹；石头城内，人们安于此间的世俗生活，与古城同存的恬淡亦同样值得这个时代所珍惜。

南拳一派缩山拳

撰文 / 何薇薇

中国武术素有南拳北腿之分，风格迥异，特点鲜明。台州三面环山，一面朝海，是名副其实的"山海之地"。长期的海上舟船生活和山间丘陵耕作狩猎，使台州百姓形成了身手灵活、反应敏捷的体格特征，也使在台州发展起来的武术具有迅疾紧凑、"拳打卧牛"的特点。

自南宋末年开始，到元、明两朝，台州屡遭战事，社会动荡，又常有山贼倭匪滋扰，百姓深受其害，苦不堪言，纷纷习武以求自保。于是民间武馆迅速壮大，日渐兴盛，习武逐渐成为坊间传统。一些具有当地环境特色，符合民众生活特点的拳术由此应运而生，其中有一套名为"缩山拳"的独特拳术迅速流传开来。

缩山拳，顾名思义，即缩大山之力聚于拳掌而发之。大约创制于元朝末年，距今已有六百多年的历史。它属于浙江四大古老拳种之一，也是浙江南拳中最具代表性的拳种。

出自"海精"的武艺

相传，缩山拳诞生于方国珍之手。方国珍，原名珍，字国珍，黄岩洋屿人，元末明初浙东农民起义军领袖，生于元延祐六年（1319），卒于明洪武七年（1374）。根据《明史》记载，方国珍身材高大，面色黝黑，体白如瓠，力赛奔马，仿佛天生就是习武的奇才。

方国珍的父亲方伯琦是个性情柔弱的人，不过生的五个儿子却个个勇猛彪悍。除方国珍，还有兄国馨、国璋，弟国瑛、国珉，一家子以行船海上贩卖私盐为生。兄弟五人靠海吃海，虽然当时海盗猖獗，难免会遇到一些小麻烦，胜在兄弟团结，总算日子还过得去。直到元至正八年(1348)发生了一件事，改变了方国珍的命运。当时朝廷在追捕一个名叫蔡乱头的黄岩人，方国珍的一个陈姓仇家便趁机报复，诬陷他与蔡乱头勾结反抗朝廷。方国珍一怒之下就把仇家给杀了。陈家人要求官府严惩凶手。方国珍初时惊慌不安，怕身陷牢狱，便数次贿赂官吏以求息事宁人。谁知这些官吏拿了钱，照捕不误。官府衙役前往方家捉拿时，方国珍正在吃饭，他见官兵涌入，情知大事不妙，便随手掀翻了桌子，左手以桌为盾，右手抄起门杠作枪棍用，当

缩山拳法讲求"练拳先练胆"，强调精神，要在气势上压倒对方，故有"胆为拳先"之说。可通过拆手练习，练得手法身法自如，劲力充足。

摄影 / 林天青

下就将好几个官兵打死在堂下。

方国珍眼见无端惹上祸事，官府又昏庸行事，想要讨回公道只怕渺茫，就对家人说："朝廷失政，统兵者玩寇，区区小丑不能平，天下乱自此始。今酷吏借之为奸，媒蘖及良民。吾若束手就毙，一家枉作泉下鬼，不若入海为得计耳！"家人深觉如此，便收拾行装准备出逃海上。一些平日里被官府压迫刁难的邻里听闻，也纷纷前来投靠。于是一行人逃到了海上，组成小股势力对抗官府。此后逐渐有民众聚集，竟累至十余万人，形成了元朝末年第一支反元的农民起义军。如今台州还有"洋屿青，出海精"的谣谚，"洋屿"即洋屿山，"海精"则是指方国珍。

元朝末年，朝廷腐败，加上常有自然灾害，天灾人祸使得民不聊生。明黄溥曾作："天高皇帝远，民少相公多；一日三遍打，不反待如何"。被逼造反的方国珍"落海为寇"后，劫掠漕运粮，控制海道。朝廷命江浙行省参政朵儿只班率水师围捕方国珍，谁知元军大败，连朵儿只班也被方国珍俘虏了。方国珍逼迫朵儿只班向朝廷请命，下诏招安授封。元顺帝无奈，只好授方国珍庆元定海尉。方国珍领了官衔后返回台州，非但没有解散士兵，反而聚集了更大的兵力，没过多久，他又做起了老本行，四出劫夺。朝廷不得不再次派兵镇压，然而此时的方国珍早已不是当初被迫离家的方国珍了，他手下的军队声势壮大，聚集了千余艘战船，起义反元，名震浙东南沿海，成为第一支实力强劲的民间反元势力。

方国珍兄弟割据称霸浙东沿海长达四十余年，辖制范围大致相当于今天的宁波、舟山、

台州和温州。他颇具军事才能，早年在台州起义时，他就根据"山海之地"的特点，琢磨出了一套退可守山、进可攻海的作战技术。后来因军事扩张，需要扩充兵源，同时必须提高单兵作战能力，在这样的形势下，他根据多年积累的实战经验，总结并创编了缩山拳，作为兵营训练的必备项目全面推广。

缩山拳要求练拳先练胆，以快捷短打为主，讲究实用性，非常适合近身战斗，方便士兵在船上、山地等狭小空间施展拳脚。除拳术外，另有刀、棍、剑、钗等持械招式，尤其以棍、刀最为突出。其棍法，棍中藏枪夹掌，化拳为棍，又反握似枪，棍枪互换，连戳带劈，横扫相连，自成一体。譬如至正十二年（1352），方国珍与时任台州路达鲁花赤的泰不华一战，缩山拳就发挥了很大的作用。

抗倭军营中的演化

随着明王朝的建立，社会趋向稳定，战乱逐渐平息，方国珍也被明太祖朱元璋招安了，他的军队一部分收编入明军，另一部分被解散遣回乡里，当时军中以台州籍士兵居多，因此缩山拳也被带到了台州民间，并在后世继续发挥着作用。

明朝中后期，朝廷派戚继光到浙江任宁绍台参将，抗击倭寇，在台州及附近的金华、义乌等地招募士兵，尤其注重招募那些"练过拳脚"的人。不少熟练缩山拳的台州人都应征加入了这支名垂青史的军队，戚家军在抗倭战争中屡建战功。戚继光在台州期间，

撰写了军事著作《纪效新书》。其中"拳经捷要篇"对武术器械的实战性进行了选择和重新定义，并结合沿海地区的特有环境，综合多种拳术，编排了一套实用性非常强的拳法，即"三十二势长拳"，从中可以找到不少缩山拳的招式，譬如其典型代表"大马步"，即类似"缩山步"，低伏稳健，进退自如，慢时如千斤坠顶、趟泥而行，疾时猱身而上，变化莫测，可闪展腾挪于卧牛之地，局促之间。《纪效新书》中还记载了戚继光曾见识过临海人刘恩至打拳耍棍，"余在舟山公署，得参戎刘草堂打拳，所谓'犯了招架，便是十下'之谓也。此最妙，即棍中之连打连戳一法"。

新的承继和传扬

随着冷兵作战的时代逐渐远去，缩山拳也从军队作战中剥离，成为民间武术而留存下来。传统武术整体上亦发生了变化，开始将习练的重心由如何加强攻击性转变为注重提升个人的精进，更多地讲求在思想和内心上的修为，并逐渐把对道家及易学思想的探索和思考，运用到武术的修习中来，使得传统武术褪去戾气，更加富有独立性、普及性和发展性。缩山拳也在这种大趋势下，完成了从战需到民技的质变，并且经过历代拳师的探索与努力，变得更加丰富、更加稳定，最终形成了一套完整的拳术系列。

1929年，在杭州召开的浙江国术游艺大会上，缩山拳重露锋芒。此次大会由中央国术馆发起，声势浩大，汇集了当时全国各地各门派及国术馆的武术精英，可称之为现代版的华山论剑，是中国近现代最具影响力的一场全国性武术精英赛事。据大会纪实记载，47岁的缩山拳师章选青在会上表演了缩山拳，演练完毕后，水泥擂台上竟留下了一个个脚印，全场观众无不愕然，许久才回过神来，一时掌声雷动。然而此后，由于时代发展和历史原因，缩山拳和其他传统武术一样，日渐式微，甚至到了濒临失传的境地。

台州著名武术家、缩山拳传承人马曙明先生介绍，他从少年时期就跟随武术名家陈仕华先生练习缩山拳，那时候陈仕华先生虽年事已高，但演练起缩山拳仍十分利落有劲。陈仕华少年时曾跟随朱琪昌先生学习缩山拳及器械，后在宁波国术馆担任教练。朱琪昌，临海人，擅长缩山拳，登光绪十七年（1891）辛卯科武举，次年又获壬辰科武殿试下赛榜三甲第五十一名，赐同武进士出身，授蓝翎侍卫。马曙明说，缩山拳在当时还保存着十几套派生拳法及器械技法，但都散落在民间，陈仕华先生也只是熟悉拳经要诀，未能全数习练。当时陈仕华先生叮嘱，将来一定要将这十几套拳械收集汇总，整理成册，千万不能让传承了几百年的缩山拳流失。

值得庆幸的是，近年来国家提倡民间技艺的非物质文化遗产保护，缩山拳又被重新发掘出来，已先后被临海市人民政府、台州市人民政府、浙江省人民政府颁布为非物质文化遗产项目，并成立了缩山拳社，被上海体育学院列为训练基地，同时在临海市回浦实验小学开设了缩山拳班，这些都为缩山拳的保护和传扬奠定了坚实的基础。

几番望海潮，
依旧涛头立

撰文
王华震

明弘治元年闰正月十七（1488 年 2 月 29 日），台州临海县的海岸边上，大雨如注，寒意料峭。一艘略显破败的海船停靠在嶙峋的岸边。船内人说的并不是官话，也不是当地的吴语方言。他们已经饿了好几天，神情颓唐。

这是一艘从李氏朝鲜济州岛漂越东海而来的遇难船只。弘治元年闰正月初三（1488 年 2 月 15 日），时任济州等三邑推刷敬差官的崔溥得知父亲病逝，渡海回家奔丧，途中遭遇海难，在海上漂流了 14 天，来到台州临海县的海边。

异国人的到来，立即引起了海边人的警觉，更有好事者已经向官府报告说他们是倭寇，以求赏赐。村子里的男女老少把他们围得水泄不通，"观者如墙"。崔溥向村里的"长者"说明（用笔谈的方式）了身份与漂流的经过，但并没有获得对方完全的信任，倭寇扰海的记忆使村民如惊弓之鸟。入夜，雨势更加凌厉。

村里没有打算将崔溥一行人留下来过夜，他们带着崔溥连夜翻山，冒雨走了一天一夜，将其送到了桃渚所城——当时台州沿海最为壮观的防倭城堡。崔溥后来在所著《漂海录》中回忆一路上所遭到的"礼遇"——他们已经完全被误认为是倭寇了："甲胄、枪剑、彭排之盛，唢呐、哱啰、喇叭、铮鼓、铳爆之声，卒然重匝，拔剑使枪，以试击刺之状。臣等惊骇耳目，丧魂褫魄，罔知所为。"

时光若倒流 200 多年，南宋的临海人也许无法想象，曾经开放的海道，此后会变得如此重重设防。而在更早的唐代，同样来自朝鲜半岛的新罗人更是无此担忧，他们乘着海风，顺利来到了台州，在此做生意、取得补给、甚至定居。如今临海汛桥镇的上五渡，曾经名为"新罗屿"，据说就是新罗海商帆樯辐辏之地。临海府城内的通远坊，亦是当年外国人聚居之处。

到了宋代，台州与朝鲜半岛的联系则更加紧密，中国、日本和高丽三国史籍上都出现了大批出海经商的台州人。这样繁忙的海上贸易之路，在崔溥漂来的那个年代，已不复可见。是什么样的原因让台州的海洋之境开放复又关闭？

其实，台州的情况，在中国的海岸线上并不是特例。这其中的两大关节，或曰"两个历史的大趋势"，即唐末至宋元时代的崛起和明清的衰弱，并不是台州一地一州所能左右，它的兴衰，也如这历史的大潮，随涨随落。临海作为古代台州的中心附郭县，其海洋文化也和台州一样，像一条抛物线，由微茫转兴盛，再由兴盛转衰颓。

临海海洋文化肇端于三国时期，《临海水土异物志》记载了夷洲（今台湾）离临海的海道距离，是目前存世的最早的涉及台湾的文献。南朝时，有孙恩、卢循滋扰海岸，但海洋文献湮没不闻。隋唐时海外交流稍具规模，晚唐至宋元乃达其鼎盛。元末方国珍败于海隅，朱元璋忌惮其残部势力，随之禁海，更有所谓倭寇的海上走私集团，勾结外寇，骚扰海滨，致明时台州海外贸易又复衰弱。而清代的"迁界"与一口通商政策，则彻底使得临海的对外交流陷于低谷。

开放的海上丝路，临海人扬起远航风帆

台州的海外贸易在唐后期乃至两宋时期的兴盛，并不是台州独有的现象，而几乎是东南沿海各个府州的共同现象。这背后是第一个历史的大趋势。

自唐中叶以后，丝绸之路阻隔，陆上东西交通渐渐退潮。《旧唐书·西戎传》说："西方之国，绵亘山川……开元之前，贡输不绝。天宝之乱，边徼多虞，邠郊之西，即为戎狄，蒿街之邸，来朝亦稀。"

河、陇陷于吐蕃，甚至有外国使者阻于归途，滞留长安达十年者。陆上东西交通渐渐阻塞的同时，是唐中后期开始逐渐明朗化的中国经济重心的南移。

经济重心的南移、西方陆路的阻塞，共同促成了唐中后期海上贸易的崛起。在这种情况下，汉代已经开辟的、长期以来并不是对外贸易主流的所谓"海上丝绸之路"，于中唐以后，地位陡然升高。

东部沿海面向的主要是日唐、新（罗）唐贸易。早期的日唐海路，有北路、中路。前者沿朝鲜半岛西海岸北上辽东半岛，再横断渤海出山东半岛登陆；中路则直接从朝鲜半岛西部横断黄海，亦由山东半岛登陆。后期则固定为南路，即从日本九州直接横断东海，在长江口附近登陆。由于南路横断的海洋过于宽广，海风洋流复杂，登陆地点飘移不定，但大致上都位于江浙沿海。

顺着南路来到台州海岸的日本、新罗人，大多居住于临海城的通远坊内。通远坊内龙兴寺，历来是海外高僧去天台山求法巡礼时的驻锡之地。当年鉴真大和尚发愿东渡，弟子思托始终陪伴左右。第四次东渡失败后，思托滞留龙兴寺四年之久。最终他也跟随着鉴真到达了日本，现在为日本国宝的鉴真坐像就是他亲自所塑。

中国本土海上商队也在唐末崭露头角。唐乾符四年（877）六月一日，台州商人崔铎等 63 人运载货物，从台州港出发至日本贸易，同年七月廿五日到达日本筑前国。当时的台州港，便是当时还隶属临海的章安港。

五代时期，临海属吴越国，其海外贸易进一步发展。吴越王钱弘俶曾任台州刺史，天台山高僧德韶更是吴越国的国师。天台山与日本的佛教交流，很多都是通过台州港与日本之间的商舶来回传递的。北宋台州教授

临海市东部面向辽阔东海，滨海一带为平原，地势平坦，河浦纵横，浅海滩涂极为广大，86个大大小小的岛屿散落在海域中。在海滨，可饱览大海、沙滩、岩石、滩涂、山林等自然景观，尽享山海小城的无限风情。当地渔民也利用近海滩涂和浅海资源养殖虾蟹、贝类和藻类。摄影/卢小海临海杜渎盐场位于监罗（今桃渚北闸），宋时称"北监"，与温岭黄岩场、宁海长亭场并称为台州三大古盐场。古时沿海居民常乘朝退之际，刮泥淋卤，煮盐为业，俗称"靠海吃海"。图为清代杜渎盐场盐票。摄影 / 李稔江少虞所著《皇朝类苑》卷七十八引《杨文公谈苑》云："吴越钱氏多因海舶通信，天台智者教五百余卷，有录而多阙，贾人言日本有之。钱俶置书于其国王，奉黄金五百两，求写其本，尽得之，迄今天台教大布江左。"1954年，在日本九州太宰府神社发现了一份古文书："前入唐僧日延，去天历七年，为天台山宝幢院平等房慈念大和尚依大唐天台德韶和尚书信、缮写法门度送之使。属越人蒋承勋归船，涉万里之洪波……"可以说，天台宗因日本典籍的回流而在北宋复兴，是和台州与日本之间的密切贸易联系有关的。

到了宋代之后，西部丝路为西夏所扰，对外贸易转向海路的趋势更加明显。至北宋中期，海路已经完全压倒了陆路中西贸易，宋廷允许大食国改由海路来进行朝贡贸易是这一历史大趋势的标志性事件：

"天圣元年（1023）十一月。……大食国每入贡，路由沙州西界以抵秦亭。乾兴（1022）初，赵德明请道其国中，不许。于是入内副都知周文质言，虑为西人所掠，乞令取海路由广州至京师。诏可。"

最终，从北宋中叶以后直到南宋，依靠着宋廷对海外贸易的支持，中国海商真正在东海、南海取代高丽人、阿拉伯人的地位，成为各种转口贸易的掌控者，并形成了稳定的海上对外贸易体系。台州是这一历史大趋势的受益者，同时也是这一贸易体系的重要组成部分。

宋代管理外贸的机构称为市舶司，像泉州、明州（今宁波）这样的外贸重镇，均设有市舶司。章安港的地位虽够不上设立市舶司，却有比市舶司低一级的市舶务，反映

了宋代章安港外贸的长足发展。建炎四年（1130），宋高宗为躲避金兵追击，入海南逃，就曾驻跸于章安港。

宋廷不仅设立市舶机构管理海外贸易，还会选派熟悉海洋事务的人才充任市舶使。临海人谢采伯，绍定年间（1228—1233）以福建路市舶司提举兼权泉州市舶。另外，赵汝适也曾担任过这一职位。这是临海人在管理海洋事务方面担任过的最高官职。

总体来说，唐宋时期的海外贸易体系，明州控制着对日本、高丽的海上交通，泉州与广州则控制着南洋。临海港作为明州港的辅助港口，其海外交流的对象，基本上也是高丽与日本。

据日本学者木宫泰彦所著《日中文化交流史》中所引材料，北宋前期台州海商至日本贸易有10批次。台州与高丽海外贸易亦较为频繁。据朝鲜学者郑麟趾《高丽史》载，在北宋末期的55年中，台州与高丽民间贸易有3批次，每一次规模都很大，少则六七十人，多则百余人。以上仅是见于史籍的部分台州海商，《宋会要·食货一八》称，"温、台、明、越等郡，大商海舶，辐辏之地"，"每月南货关税，动以万计"，可见实际上的海商数量远远不止在史料上留名的，"无名海商"更多。

从另一个侧面也可以一窥宋代台州港的开放程度。宋代的铜钱是整个东亚贸易圈的通用货币，甚至在高丽和日本国内，宋钱也是硬通货。因此日本海商每次回国，都要夹带大量宋钱，而宋朝是禁止铜钱外流的。南宋淳祐年间（1241—1252）台州知州包恢就记载下了日本商船在台州大量收购铜钱之

事，其收购数量之巨，直接造成了当时台州的"钱荒"。"不知前后辗转，漏泄几多，不可以数计矣！"包恢感叹道。

曾蛰伏的海洋精神，如今再度昂扬

崔溥来到台州海岸的半个世纪前，一伙真正的倭寇袭击了临海的桃渚城。

正统四年（1439）四月，庞大的倭人舰队（据说有四十余艘）列队于桃渚外海。当时桃渚城的位置还位于中旧城，几十年来的和平使其疏于防备。城被攻破之后，倭寇将城内焚劫一空，城内老幼死伤甚多。

学术界将倭寇分为"前期倭寇"和"后期倭寇"。所谓"前期倭寇"，学者大致公认为在元至正十八年（1358）开始变得活跃，并一直持续到明前期。这段时期日本国内战乱频仍，大量浪人流落海外，形成海上集团。前期倭寇以日本人为主。正统四年的这次倭寇来袭，就是以日本人为主的前期倭寇。

为了对付前期倭寇，朱元璋在沿海广建卫所。"洪武二十年（1387）九月，筑台州健跳、桃渚土城，各置千户所以防倭"。此时的桃渚城位于今临海下旧城。

明初的海禁，部分原因是为了对抗来自前期倭寇的骚扰，更大的内因，是朱元璋对濒海地区的不信任。

元末的乱局之中，台州的方国珍、苏州的张士诚，均先于朱元璋起事，割据一方。方国珍依靠海军实力，称霸温、台、明三州，体现了元代海洋力量取得长足发展之后，濒海地区的军事实力。朱元璋收服方国珍

后，余部散亡海上，对新生的明朝政权构成了威胁。

朱元璋开启了"海洋—大陆"实力消长的第二次历史大趋势。从明初开始，虽然也偶有阶段性的海外贸易的繁荣期，但总体上来说，是越来越严格的全国性的长期海禁政策，中国从此逐渐走向锁国。宋元以来中国的海上大国地位一去不复返，宋元海商在各国际港口与阿拉伯海商争夺贸易霸权的盛景已成明日黄花。临海的海洋文化也随之走向衰弱。

方国珍之后，东南沿海的海上力量曾多次对中央政权发起反击，明嘉靖时期以王直等为头目的"后期倭寇"、清初盘踞台湾岛的郑氏集团，都曾有力地撼动着中央政权的统治。其中后期倭寇，即所谓的"嘉靖大倭寇"，对临海的影响尤大。

随着日本国内局势的稳定，前期倭寇也逐渐被扑灭。此后日明双方实行了长达一百多年的"勘合贸易"。勘合贸易要求日方贸易船十年一贡，对附船的人员数量、货物都有规定，据此暂时缓解了明朝与日本的外贸需求，亦维持了两国的平衡，东海将近百年的和平就此奠定。正统四年之后，台州洋面也风平浪静了将近一个世纪。

但是随着两国经济的发展，如涓涓细流般十年一次的勘合贸易显然已经无法满足两国贸易日渐膨胀的需求。嘉靖二年（1523）的"宁波之乱"，昭示着这种平衡被打破，勘合贸易的束缚急需被挣脱。但是明廷没有顺历史潮流而为，反而再一次实行海禁，阻断了仅有的勘合贸易，这在根本上引发了后期倭寇。

↑　临海市头门港是浙江省海洋布局中的一个重要节点。作为台州中心枢纽港区，头门港既能承接宁波港的辐射和转移，还可为金华、江西等内陆腹地的内外贸易物资提供运输服务。而它自身也将成为一座集海洋文化体验、旅游度假、生态居住为一体的滨海小城。
摄影 / 戚肖肖

↓　临海依山濒海，洋面辽阔，海洋渔业得天独厚，桃渚、上盘、杜桥三镇的渔民很早就已经在海岸线和海洋深处进行采捕。休渔期内，船只停歇了，但家家户户的老人仍在忙着织补渔网，为下一季的捕捞作准备。
摄影 / 罗莜英

嘉靖时期的后期倭寇实质是一个庞大的国际化走私集团，其中有日本人、高丽人以及刚刚来到东亚的葡萄牙人。《明史·日本传》有云："大抵真倭十之三，从倭者十之七"。这些武装走私集团的迅速壮大满足了沿海人民对外贸易的需求，却对社会稳定造成了影响，明廷内部的保守派因之视其为洪水猛兽，双方的决战已经不可避免。

嘉靖三十四年（1555）至四十年（1561）之间，戚继光驻防浙江沿海，主要对付的就是台州沿海的倭寇。

如今临海白水洋镇戚公祠里立着一块《平倭记功碑》（民国重刻），就记录了戚继光在嘉靖四十年大胜倭寇的辉煌战绩。

当时聚集在台州外海的倭寇，据说有众万人，船只五百多艘。四月，倭寇分路袭击北部的宁海、健跳，以及桃渚诸卫所。戚继光命卫所官军死守，倭寇无隙可入，遂合股西进，攻临海郡城。戚继光在城中与临海知县赵士河修备工事，对三军"登坛誓众，谕以大义"，守城官兵士气大振，倭寇见无利可图，便再往西去，企图攻仙居县。但在通往仙居县的白水洋地界，戚继光设下伏兵，倭行过半，突然伏发。倭寇且战且退，最后在围困中被全歼，"斩首八百"。

白水洋大捷是戚继光在台州抗倭诸战役中的最辉煌一役。从此以后，台州沿海再也看不到倭寇的踪影。

"嘉靖大倭寇"不仅动摇了明廷在东南沿海的统治，也让当地人民付出了惨重的代价。继嘉靖皇帝登基的隆庆皇帝，意识到海禁百害而无一利，遂决定"开海"。"隆庆开海"主要针对的是南洋方向的贸易，对于日本还是严加防备，以对日交流为主的台州海外交流，再也没有恢复到宋元时期的水平。入清以后，由于清廷的"迁界"政策，临海的海上大门被彻底关闭了。

清顺治十八年（1661），因郑氏占据台湾岛，清政府令鲁、江、浙、闽、广五省沿海三十里居民尽徙内地，设立边界，布置防守，将所有沿海船只悉行烧毁，寸板不许下水。"凡溪河，坚桩栅。货物不许越界，时刻瞭望，违者死无赦"。无论是在商贸上，还是文化上，这是有史以来对濒海民生的最残酷一击。

浙江迁界令执行最严格的是温州、台州。当时台州的迁界，要求在两个月的期限内完成，不迁者杀。于是界外百姓仓皇逃难，男号女哭，四境相闻。清军还拆毁民房，取其木料沿迁海界线修筑木城。临海人洪若皋亲眼目睹了惨状，记述道："自台及温，目击沿海一带，当迁遣时，即将拆毁民房木料，照界造作木城，高三丈余，至海口要路，复加一层二层，缜密如城隍。防兵于木城内。或三里，或五里，搭盖茅厂看守。以是海寇不得闯入，奸民不得阑出。"

临海县沿海当然也在迁界的范围内，当时全县毁弃了濒海的良田十九万九千二百九十三亩。农业之外，渔业、盐业也遭受了重大打击。延续千年的临海杜渎盐场因在界外，也成了牺牲品。

直到康熙二十二年（1683），郑氏覆灭，清廷才陆续在沿海开四关，实行四口通商。其中离临海最近的一关，就是宁波。但是好景不长，到了乾隆时期，四口通商缩减为广州一口通商，浙闽沿海又陷入了封闭时代。

在清朝实行锁国政策的同时，日本也走入德川幕府的锁国时代，中日之间的贸易仅限于长崎一地，东亚再也没有其他力量来逼迫中国开海，直到鸦片战争英国人的到来。

从浙江的海岸线上望向洋面，视野所及，并非蔚蓝无际。长江口与钱塘江口的泥沙让整个大陆架上的浅海变得浑浊发黄，但是这样的海还是吸引了无数临海人前赴后继朝它的深处探索。

临海人无疑是具有进取、冒险的海洋精神的。《临海水土异物志》里记载了大量的海生动物，若没有细致的观察与探索，不会有这样丰富的呈现。宋元时期的台州人远航日本、高丽，亦上演了中国航海史上最为外向奔放的一幕。

但是历史大势非人力所能扭转。宋元时期是海洋的大开放、大开发时代，临海人抓住了历史机遇，在历史舞台上长袖善舞；明清时期中国逐渐走向封闭，外来的冲击不足以扭转这一趋势，临海人在其中扮演了国家同盟者的角色。尽管角色不同，但是在抗击倭寇中，他们所展现出的坚韧、勇毅，则是与他们的闯海精神一脉相承的。

当国门打开之后，中国再次面向广阔海洋。及至当代的改革开放来临，临海人血液中的海洋精神重又被激发出来，历史的大潮，经过明清时期的低落之后，再次回到了迈向海洋的主旋律。临海头门港经济开发区的建设即是临海人走向海洋的当代篇章。从一片滩涂到深水良港，再到一座现代制造业发达的新兴港城，它一头连接陆地，一头伸向海洋，海域面积达 1200 平方千米，岛屿岸线总长 164 千米。从区位看，它既是台州海门港的外延，又能承接宁波港、上海港的辐射与转移，并将以一港之力，带动沿海产业带的发展。

重拾海洋精神的临海人，又一次站在了历史的潮头。

椒江通镇浦兰头紫菜养殖场的滩涂养殖面积达 300 多公顷，这里潮流通畅，稍有风浪，水质富含氮、磷，是台州最好的紫菜养殖场，生产的紫菜以状薄、质细、味鲜而闻名省内外，每年一月，是头蓬紫菜的收割期，这时，广袤的滩涂上便呈现出一片迷人的蓝紫色。摄影／金春

摄影 / 郭迅

地道风物

临海河山灵秀，代毓人文。群岭，滋养了不拘一格的山风民俗，淳朴、骁勇；河海，是沟通内外的枢纽和通道，磨炼出开放、拼搏的态度；州府，千百年的文化中心，沉淀出圆融气度，儒释道共存，文人雅士竞风流。山的风格、海的个性与府城的底蕴，共同造就了色彩迥异却又融洽自得的临海气质。

紫阳老街上的人间烟火

临海闲音，寄情词调

群山回唱，看好戏开场

紫阳老街上的人间烟火

撰文
郑骁锋

摄影
李稔 等

杭州清河坊，苏州平江路，温州南塘街，镇江西津渡。古城不拘大小，大都会有一条老街。而在江南，老街的名字，往往都因其所傍依的江河而起，空灵清秀，云水氤氲。

同样居住在江边，临海人却将自己的老街，称为"紫阳"。流金铄石，一团火气。

在闽浙一带提起紫阳，很多人首先会想到以此为号的朱熹朱夫子。但临海人说的紫阳，却是道教中的一位大宗师，甚至被写入了《西游记》——在孙悟空到来之前，朱紫国金圣皇后全赖他所赐的一件旧棕衣，才免受了妖怪的侮辱。

以紫阳来命名这条街是有根据的。这位被后人奉为道教南宗始祖的紫阳真人，本名张伯端，是北宋时期临海城里土生土长的一位修道者。

他甚至还是这条街真正意义上的老街坊，直到今天，我们还能在这条街的中段，找到当年张伯端曾经住过的巷子。那条小巷因为巷口有几家店铺专门贩卖珍珠饰品，生意红火，久而久之，便被老百姓称作"樱珠巷"。

老街里跳动的脉搏

应该说，诸如樱珠巷一类的零碎地名，才是临海人称呼老街的传统方式。

将老街冠以"紫阳"之名是20世纪末的事，事实上，这条台州府城的主要街道，历朝历代都未曾有过正式街名，临海人祖祖辈辈都是随便找个标志认，像一洞天、方一仁、同受和、王天顺、安乐天、十字街口、白塔桥头、同康、红星、腊巷口、牌门周、炭行街……一洞天是茶馆，方一仁是药铺；同受和做得一手好糕点，不过吃酥饼还得找王天顺；安乐天煮的面远近有名，但正式摆桌，白塔桥头才是全府城最高档的酒楼；打酱油找同康，剃头来红星；正如牌门周大概少不了一座牌坊门楼，白塔桥想来也应该有座临河的风水白塔；炭行街就不必解释了，自然和樱珠巷一样，当行本色。

还有北端的黄坊桥，南头的揽秀楼，中间的紫阳宫……粗粗一数，一条老街，至少可以拆解出五十多个小地名。虽然被化整为零，但仅从这些自带风景的地名上，这条老

紫阳街是台州府城历史上最繁华的商业闹市，临海古城的千年气韵都沉淀在了这条主街上，街上古迹，信步可数。岁月沧桑和小城故事留驻在了高挑的飞檐、斑驳的雕梁和光滑的青石板上。

临海古城有"六街九坊三十八巷"之称，如今尚有五堵坊墙保留在紫阳街的北段。坊墙是唐宋里坊遗制，在清朝的时候也起着防火墙的功用。岁月悠悠，与临海新城的车水马龙、人潮汹涌相比，紫阳街的老居民习惯于不急不缓地过日子。自如，是府城人与生俱来的气质。摄影 / 徐安街便已经显示出了足够丰富的格局。

看到一条老街并不很稀奇，难得的是，这里的一切，仍旧跳动着脉搏。

时值午后，一切慵懒，理发店的躺椅上，一位毛巾遮面的中年壮汉惬意地打起了呼噜，矍铄的老人站在边上，用一条油亮的长牛皮慢慢磨着剃刀；面人摊前无人问津，连摊主也不见了去向，空留草棒上灰太狼与孙悟空面面相觑；隔壁的算卦摊同样生意萧条，卦师干脆摆开了棋盘，两位埋头厮杀的老汉膝下，蜷着一条打盹的黄狗；面馆的午间生意却还没忙完，厨师额头冒汗，一手操勺，另一手往空碗里撒着葱花，汤锅飘着的杉木锅盖不停打着转；几位吃面的食客结账出门，又踱到了对面的酒坊，其中似乎有内行人，干脆自己拿起白铁酒吊，一坛坛舀酒试尝。

站在早已没有白塔也没有桥的白塔桥头，抚摸斑驳的墙砖，倒流的岁月汹涌而来。

老街之"老"：坊市的功能与遗存

紫阳街，南起兴善门，北至广文路，横穿整座台州府城。全长1080米，宽3到5米，全程青石板铺路。

紫阳街所在，为台州一府六县的最中心，且北倚北固山，南临灵江，水陆交通都是码头要道，自古商贸之繁盛可想而知，更重要的是，紫阳街的历史，比江南绝大多数老街，都悠久得多。

行走其间，我确实发现，紫阳街的格调，与别处的老街颇有一些不同。紫阳街两边的商铺，大多是一楼一底的砖木构架，间或也

有楼上架楼，基本都是"前店后宅"或"上宅下店"。白墙黑瓦，屋檐高低错落，不时还可以在窗棂栏杆等处，见到一些木雕、灰雕、石雕之类的点缀，属于比较明显的徽派风格。

但与其他老街相比，紫阳街有一个最明显的特征：多隔墙。除了徽派建筑中常见的马头墙，每隔两三百米，都会用大块青砖砌起一堵三丈有余的高墙，拦腰横亘街心。行人来往，只能通过墙下所刓的拱门。这些隔墙，正式名称是"坊墙"，其实是古代"坊市"制度的遗迹。正如白居易诗句"百千家似围棋局，十二街如种菜畦"所云，中国历史上，长期对城市居民进行分区封闭式管理，将整座城市的民居与商铺用墙围成不同数量的坊，每坊邻里互保、坊门定时启闭。直到唐中后期开始，才慢慢拆除坊墙，解除宵禁。

历史上紫阳街分段称呼，没有一个统称，也和这些各自独立的坊市有关。也就是说，从设置坊墙来看，紫阳街的城市格局，至少可以追溯到北宋，甚至晚唐。在以明清为主的各地老街中，无疑堪称祖父级别的存在。

然而，在临海，坊墙的意义并不仅仅只是城市管理。紫阳街现存五个坊，分别称为"悟真坊""奉仙坊""迎仙坊""清河坊""永靖坊"。都是自古传下的名号，其中"悟真坊""奉仙坊""迎仙坊"三坊，显然与紫阳真人有些渊源。据地方文献记载，仅咸丰年间（1851—1861）知府李鸣梧任上，就修建了九座坊墙。坊市制度从宋代之后就已经基本结束，临海人为何在19世纪还在修建坊墙？这应该与紫阳街上随处可见的水井有关。

一方水土与一方人

除了坊墙，古井众多，是紫阳街的另一大特色。据统计，临海城内，至今可饮用的古井还有315口，而分布最密集的地方便是紫阳街。这些古井，从明清到民国，年代不一，深度也不尽相同，但通常都在3米左右。其中有两口最著名，一口是樱珠巷紫阳真人旧居附近的"紫阳井"，另一口则是奇特的双眼井，有两个井口，底下却相通。

尽管这些古井井水至今洁净清冽，但小城毕竟不大，而且几百米外的城门口便有一条大江，若只是为了日常饮用与洗濯，根本没有必要开凿如此众多的水井。

这些水井最主要的功能，是为了救火。

木结构建筑最怕火灾。而老街越是繁华，便越容易失火。历史上，紫阳街发生过多次大火，咸丰六年，一次就烧了三百多间房子，从十字街口到白塔桥头，尽成焦墟。痛定思痛，大灾过后，人们受到徽派建筑用马头墙阻止火势蔓延的启发，重新启用了荒废千年的坊墙：一旦火起，便闭坊封火，同时在每个坊内掘井，以便就近取水救助。

直到今天，临海人对这些古井还是极其爱护，大部分古井井上有圈，圈上有盖，盖边还有锁。某种程度上，甚至还形成一些类似于宗教性质的崇拜，比如那口"双眼井"，井壁竟然是用阴纹佛像砖砌成的，故而又名"千佛井"。如此大费周章来装饰一口水井，据临海人说，是为了与巾山的千佛塔遥相呼应，调和古城的阴阳二气，以免孤阴亢盛，激发火灾。果然是出紫阳真人的地方。

俯身看去，井窟幽暗，水粼隐约，传说中的井壁佛纹，却是一尊也无缘得见。千年时光，早已经磨尽了这条老街、乃至整座古城的火气。

宝塔镇河妖。巾山上的千佛塔，令我又想起了老街尽头的那条灵江。这毗邻江边的数百口古井，很容易令人联想到一句俗语："井水不犯河水"，或者说，"井水不犯海水"。

临海，顾名思义，邻近海洋。虽然古今地理变迁，海岸线东移，现在的城区距离最近的海滩已经有几十千米，但远在上游的三江口，灵江便已经能够感受到海水的潮汐了。面对一条咸淡不定的大江，稳定而甘甜的井水更能给居民安全感。

临海的饮食，具有相当明显的海洋元素，蛤蜊、蛏子等小海鲜做得很好，海苔饼更是远近闻名。

除了海苔饼，紫阳街上还有另外两样本地独有的特色小吃：蛋清羊尾、羊脚蹄。这两道小吃的做法都颇为奇特，不过，最意味深长的是，这两种小吃，虽然取名"羊尾""羊蹄"，却与羊没有任何关系。当然，这可以解释为形似。但天下万物，相似者必然众多，偏偏以"羊"这种陆地最普通的牲畜为名，是不是正体现了临海人潜意识中"山民"那一面的自我定位？

紫阳街南端固然临着直通东海的灵江，但它北端倚靠的北固山，却巍峨险峻，属于天台山余脉——"七山一水两分田"，按照地貌格局来看，这座名字中有海的古城，最根本的质地，还是属于山。

于是，在紫阳街上的每一步行走，都有了某种山与海拉锯的意味。

紫阳老街上的老店自然也多，酒坊、饭店、医馆、秤行、照相馆、理发店……从中可以窥见岁月匆匆。当手艺在时光的洗练中变成守艺，漫行紫阳街，就如穿越人间，隐约听见悠远过往的回响。摄影／林霞（上）、樊鑫（下）

老街深巷里

绘画、撰文
五月 May

一条街巷，一爿铺面，一块门牌，就是沾染着人间烟火的一生。
紫阳街是府城纵伸南北的主街，连同东西向延展出的巷弄，
如毛细血管般塑造着临海城的肌理。这里的滚滚红尘，隐匿
着时代巨变的波澜不惊，每个仔细感受的人都会余味无穷。

" 我选择留在我的时
代里了。 "

紫阳街 88 号

命理馆"天一堂"，取《洛书》中"天一生水"的吉象，主要业务是用
八卦象数疗法给人看病，以及用奇门遁甲给人算命。老板杨小民每年向
中国科学院紫金山天文台购买原始数据，再花费四个月编写来年的择吉
历书，定价两元。

紫阳麦虾

紫阳街 89 号

麦虾，追根溯源，属于穷人乐。滚水余粉浆，形状如虾，佐以青菜萝卜南瓜藤，大海碗囫囵吞下，陪伴大家度过物质匮乏的年代。老板朱菊华相信，单纯做好这碗麦虾，也同样大有可为。

时人有谚：没吃过朱菊华夜摊的人，不配谈人生。

紫阳街杂货铺

紫阳街 143 号

这家无名店铺，用堆积如山的货品来说明它是一间杂货铺。老板是个惜字如金的老临海，他说"紫阳街唯一的变化可能就是当年修路把三块石板改成了一块，现在，路变薄了。"

> **"** 不记时间的，过去就像流水，过得舒服就行了。 **"**

江南老戴家

紫阳街 252 号

戴家先祖是南宋侍御史兼太常寺卿戴皋，他辞官致仕、归隐台州时带回一副宫廷膏方。膏方和戴家的耕读传统一起传了数十代，到戴可杰手里终于发扬光大。

**戴家的膏，
熬了整整八百年。**

 **罗 记 百 年 老 店**

紫阳街 306 号

> 在紫阳街，卖游客的小吃和卖街坊的小吃是两种小吃。

从民国到当代，罗记避过战火和运动，前后传了四代，屹立百年不倒，秘诀是"低调"。不管外面的世界如何纷嚷，"罗记"只是做饼、卖饼，最大的羁绊还是老街坊、老顾客。

白 塔 桥 饭 店

紫阳街 376 号

白塔桥饭店，始创于 1952 年。厨师们精研一式数十年，已经到了闭着眼睛都能做菜的地步。这些老菜，开店的时候什么味道，现在就什么味道，几代人传下来，口味没变过。

如果说新荣记是临海餐饮的天花板，那白塔桥就是地板砖和承重墙。

艺 光 照 相

永安路 10 号

孙家祖孙三代经营的东南照相馆、青春照相小组、艺光照相馆，替临海城无数人留住了回忆。

" 在艺光拍的照片，就是能
青春永驻。 "

极 灵 修 配

永安路 18 号

"极灵"不仅是张阿公钥匙店的名字，也是他之前工作的永安路锁厂生产的品牌。阿公配锁的步骤比别人多，保证"极灵"不是浪得虚名。

配锁的步骤比别人多，
保证钥匙极灵。

打秤花是个精细活，颇费眼睛，年过六旬的蔡雪贞每次都要戴上老花镜。几十年练就的娴熟手法，让铝丝进眼时快、狠、准，不消几分钟就能打好几十上百个秤花眼。蔡师傅一生谨记父亲的教诲——做秤人不能缺斤少两，做人如做秤，都要公正。

木杆秤：『秤』心如意

老街自然多老店。

据说直到今天，紫阳街上还能找出34家百年老字号，蔡永利便是其中之一。作为一家木杆秤店，它比别的行当承载了更多岁月沧桑。

"辛亥前都是16两一市斤，民国改成13两6钱，1949年后先是改回16两，1959年起定为10两一市斤，现在是统一的公斤制了。"蔡永利创办于清代咸丰十一年（1861），到今天已经有了159个年头，但在如今的当家人蔡雪贞眼里，这轰轰烈烈的一个半世纪，不过只是更换了几个砝码、调整了几次秤花。

蔡雪贞今年66岁，是蔡永利的第五代传人。"原来临海城关就有四家做秤的店，还有很多沿街兜售的秤担，生意都不错。我们家牌子老，认的人最多。"最红火的时候，不仅临海本地，椒江、玉环，甚至温州、宁波都有很多人专门来找蔡永利买秤，全家人每天要工作到凌晨一两点。"但现在老城里只剩下我这一家了。"店铺不大，各种规格样式的杆秤，挂满了一堵墙。

蔡永利秤店的秤，卖得都不太贵，每杆价格大多在几十块左右，即便用木盒精致包装的，通常也不过一百出头。"从小父亲就跟我说，杆秤的价格要跟着猪肉走。"蔡师傅回忆说，自她记事以来，猪肉每斤从六毛四、八毛涨到一块，杆秤也相应卖三元、五元、八元。但现在猪肉虽然一路上涨，但用杆秤的人却越来越少，价格肯定是跟不上了。

"现在有人来买秤，主要还是为了讨个彩头。"在江南民间，秤不仅是一种计量器具，还被寄托了很多吉祥的寓意。旧时节建屋或者乔迁，都要在新房的房梁上挂一把秤，意为正气镇宅。传统婚礼上，新郎都要用一杆秤，去挑开新娘的红盖头。朋友间馈赠，也经常会用秤来祝福"称心如意"。

但即便是这些象征意义多于实用价值的工艺品秤，蔡师傅制作起来还是一丝不苟。"每杆秤都有三颗秤花对应天上的福禄寿三星，少一两损福，短二两减禄，缺三两天寿。就算他们买回家只是摆着看，做秤人也不敢缺斤少两。"

蔡师傅的工作台是一张老旧斑驳的木板桌，上面堆满了各式工具和秤砣。那些工具有些是父亲留下来的，有些则是爷爷留下来的，有的甚至更早，都已经被磨得隐隐发亮。

"我是23岁开始学做秤的。其实开始自己并不是很愿意。父亲交给我12立方铜秒木，说已经帮我备齐了做一辈子秤的木料。现在做了四十多年，只剩下一两个立方了。"

当话题逐渐回到现实，回到这家店的当下传承时，我原本以为会听到比较消极的回答，不料蔡师傅却拿出了几杆小秤给我看。那几杆小秤并不精细，甚至有些粗糙，但蔡师傅却郑重地将它们悬挂在店面口。

那些都是小学生做的秤。"其实我父亲已经感受到了电子秤对木杆秤的冲击，他甚至对我说，这家店传到我这一代，就没必要再继续传下去。"但现在，制秤技艺已经走进了校园，每到活动日，学校就会邀请蔡雪贞教学生做木杆秤，介绍传统秤文化。"现在，我觉得又有点信心了。"她说。

岭根草编：巧自山中来

与蔡雪贞的秤相比，郑仙红的草编要贵上许多。一顶帽子、一把团扇，往往都是数十元起步，过百乃至数百上千的比比皆是。经常会有顾客嫌贵。但郑仙红听到了，也只是淡淡笑着，并不多作解释，在她店里，基本是不还价的。

和如今的蔡永利一样，岭根草编也是女人当家。郑仙红拿出一只小小的笸箩。乍看起来，除了颜色稍微有些偏黄，似乎与店里其他成品并没有什么区别。但郑仙红告诉我，这是她奶奶传下来的，到今天至少有一百多年了。我小心地捏了捏，笸箩柔中带韧，依然很有劲道。

"我们岭根的草编，是可以传家的。"

岭根，是临海东塍镇琅坑岭东麓的一个小山村，自南宋以来，村民间便流传有草编的手艺。从草绳草鞋，到草席草筐、草帽草扇，八九百年，数十代人传下来，越编越巧。一开始还只是自用和馈赠亲友，后来有人尝试着拿去贩卖，不料大受欢迎。民国时期，岭根人编的草帽，甚至在上海滩风靡一时，被称为"台州凉帽"。

郑仙红说，自己7岁学艺，10岁学成，做草编已有40多年，这辈子就没干过别的。她随手又拿起一把草扇，对我说，又像是自言自语："我们岭根的草编除了好看，还有精气神，你看这把扇子，拿在手里就和机器编的不一样，生出的风都是活的。"

"而且，我们用的是灯芯草。"与谈及价格时的淡然相反，郑仙红一再强调，她们用的草与众不同，别家一般是席草、蔺草，只有她们使用灯心草。

按照我原来的认识，灯心草、席草、蔺草都是同一个科属的东西，而且很多地方都将三者合称混叫了。仅凭名字来看，相比席草、蔺草，灯心草无疑就空灵得多，给人感觉也更加轻盈柔软，甚至还有那么一些诗意。郑仙红还介绍说，岭根的灯心草很神奇，"泽地丛生，江生者为淡草，近海生者为咸草"，虽然只是细微草芥，却关联着一方水土的甘苦咸淡。

店铺被收拾得很精致。草编深浅不一的金黄，加之老街木构的堂屋，还有淡淡的青草香气，共同为这间小小的铺子营造出了一种暖色调的怀旧氛围。有一种随身携带的干粮篓，身在台州，不免令人猜测，当年戚家军在此抗倭，临海父老若要劳军，这种篓子大概是极合适的吧。

当然，郑仙红并不一味守旧。在传统的草帽、草篮、草席、草垫、团扇、笸箩之外，她还开发出了很多工艺品，诸如灯罩、花瓶、茶杯垫、名片盒、干果碟。尤其是帽子，款式更是紧跟潮流，甚至有了些许时装的味道。八百多年的草编似乎渐渐开始了质变。

甚至连草本身，都成了一道风景——在店铺门口，郑仙红用一口石槽，水养了满满一丛灯芯草。草茎碧绿细长，支支独立，密梳有致，竟有几分类似于菖蒲的清秀。

一个精缩版的岭根，被悄然迁到了老街的青石板上。

"蒲扇好凉风，扇夏不扇冬。人若向我要，可来岭根村。" 这个临海本地民谣唱的就是岭根村的草编。编织随时随地都可进行，唯一的工具就是一双巧手。郑仙红最喜欢在紫阳街自家店旁的小巷道里坐着编，累了倦了，抬眼便是屋前的人流熙攘，屋后的恬静闲适。

张家剪纸有两大绝技，一是脱稿剪纸，二是雕花样，张家后人张秀娟的剪纸技艺已经足够独当一面，她的女儿留法回国，也开始参与剪纸设计工作。"张家剪花郎，剪纸走四方。"走遍五洲四海后，张家郎重归宁静小城，刀剪翻飞，把千山万水都留在了纸上。

张家剪花：一把剪刀闯天下

"张家剪花郎，剪纸走四方；出门独个人，归来双打双。"

或许，那只是张芝敬漫长的江湖生涯中一次邂逅。一双浪迹天涯的脚，迟疑着停了下来。面对泓波光盈盈的浅笑，他那把号称可以剪出世界上所有美好事物的剪刀，平生第一次感觉到了无从下手。南宋嘉定八年（1215），临海括苍镇，一位北方汉子与一位江南少女的结合，让一门独特的技艺在这座山海之间的小城扎下了根。

八百多年后，我在紫阳街上，见到了剪纸大师张芝敬的后人张秀娟。现在，她已然是临海剪纸的代表人物。剪纸并不是一门小众的技艺。但张秀娟的剪纸馆就令我感觉到了与众不同。除了红纸窗花之类最常见的品种，馆里的正墙上，挂着一张巨幅毛主席《沁园春·雪》书法剪纸，点按自然、提转流畅，笔意纵横凌厉；尤其特别的是，镂空的白色字体与底衬的瓷青色宣纸，形成了绝妙的蓝印蜡染效果。

"我们张家剪纸，本来就与蜡染行当密切相关。"张秀娟介绍说，张家剪纸最大的特点，便是实用性。张家剪纸有两大绝技，一是脱稿剪纸，二是雕花样。前者虽然极尽工巧，甚至有人能够袖中剪物，但还是像其他大部分地方的剪纸一样，以观赏为主，后者才是张家独门绝技。

所谓雕花样，相当于现在的图案设计，也就是为其他需要雕刻底稿的行业，如蜡染、木雕、石雕、刺绣，提供花纹图样。张秀娟说，张家子弟，学成雕花样后，都是各自出门，游走四方卖艺，号称"一把剪刀闯天下"，先祖张芝敬就是这样来到临海的。而他们的销售方式也很特别，每到繁华富庶之地，先当街表演脱稿剪纸，免费赠送，直至引起当地的雕花师傅关注，悄悄找上门来联络交易。就像现在的商业机密，每个雕花师傅都不愿泄露自己的花样来源。故而张家雕花闷声发财，利润丰厚，有"出门空双手，归家钿满筐"之称，也是因为如此，家族将雕花样视为秘技，传男不传女。

张秀娟说，她应该是幸运的，小时候赶上了张家将剪纸技艺向整个家族开放的时代，三四岁就开始学剪纸，六七岁时已经剪得像模像样，十几岁时就有了名气。"那时我们五六个孩子一起跟着奶奶学剪纸，数我剪得最好。十里八村的人到我家来，要是大人忙不过来了，我就能顶上。"

但张秀娟也感慨地说，剪纸早就开始没落了，人们穿印花布，挂印刷画，连窗花都很少有人贴了；如今电脑时代，各种雕花更是不再需要传统的图样，传承了八百多年，影响力曾经延伸到甬杭甚至苏州的张家剪纸，已经遇到了严重危机。

因此，这位张家剪纸的现任掌门人，在继承传统剪纸，特别是雕花样的基础上，还吸收了凿花、针刺等技艺，并从书法、国画、版画、装饰等相关艺术门类中寻找灵感，对祖宗的技艺进行了大胆创新。

从剪花郎到剪花娘，刀剪翻飞中，紫阳街见证着一门古老技艺的反思与复兴。

这尊著名的鉴真坐像，真品为唐代台州开元寺（现临海龙兴寺）僧人思托所作。思托是鉴真大和尚的徒弟，在鉴真圆寂前一年，按其真人比例塑造了这尊干漆坐像，现为日本奈良招提寺的寺藏国宝。该塑像线刻温肃，大师瞑目盘坐，双手相叠作禅定印，再现了鉴真的睿智与慈祥。图中这座等比缩小的塑像由李伟育使用夹苎脱胎漆艺制作完成。

夹苎脱胎漆艺：山与海成就的绝技

紫阳街南端、兴善门内侧的巾山西麓，有一座始建于武则天时期的古刹——龙兴寺。由于抗战时期遭受过毁坏，复建的龙兴寺看起来规模并不特别宏大。然而，在佛教史上，它曾经留下过浓重的一笔：鉴真大师曾经住锡于此。

追随鉴真渡海弘法的弟子中，便有一位是这座寺里的僧人。这位法名思托的僧人，国内鲜有人知，但在大洋彼岸，却为日本佛教界创造了一件圣物。

鉴真大师入灭前，思托为其制作了一尊写真坐像。这尊坐像，至今仍被供奉在奈良招提寺的御影堂，已然是日本最广为人知、等级最尊崇的两件佛教文物之一。

而另一件，则是供奉在京都五台山清凉寺中的优填王像。

佛经记载，人间供奉的第一尊佛像，为优填王所造。优填王是古印度一个小国的国王，曾亲聆释迦教海。佛陀灭度后，他思念不已，便派工匠用旃檀木雕刻了一尊高约五尺的释迦立像，得以每日瞻仰膜拜。

优填王像在佛教中极受重视，被称为"众像之始"。在日本，多年来一直认为，清凉寺内供奉的便是那尊优填王雕刻的原像。直到 1953 年，人们在修整时，意外地在佛像内胎发现了中国北宋时期的封藏物。通过谨慎考证，人们终于知道，这不是优填王，而是两位民间工匠制作了这尊被日本佛教界奉为密宝的佛像。他们是一对姓张的亲兄弟，居住在中国东南一个叫台州

的地方，也就是现在的临海。

难道只是巧合吗？两尊被日本奉为国宝的佛像，年代为一唐一宋，但作者都来自临海。

流传千年的雕琢印迹

我在这座以海命名的山城，见到了佛像制作大师李伟育先生。虽然还不到知天命之年，但李先生已经与佛像打了三十多年交道：十几岁开始跟着父亲学习木艺和泥塑；23 岁时，父子联手为海南的一家景区做了 500 个罗汉造像，轰动一时。

"制作佛像在台州是一个世代传承的老行当，"李伟育告诉我，"台州佛雕，起源于魏晋，兴盛于唐宋，弘扬于明清，至少已有一千七百多年的历史。"李伟育是临海杜桥人，做了半辈子佛像后，在家乡建了一座佛像博物馆。在馆内，我竟然见到了那尊在日本早已经成为传奇的鉴真坐像的仿制品。

眼前的鉴真大和尚，盘膝而坐，两手上下相叠于腹前，作禅定状，双目安然闭合，神情平和慈祥，传达出一种雍容宽厚、睿智博学的意味。肩颈的线条、肌肤的纹理，细腻又真实，衣褶自然流畅，色泽浓郁柔和，袈裟上还饰有纹样，极为工细。

当然，我见到的，是李先生的作品。虽然是仿制，却严格按照本尊一比一还原，尤其是制作工艺，更是与一千多年前一模

一样。历史上的鉴真坐像，既非泥塑，也非木雕，而是采用了一种特殊的漆艺，层层髹饰而成。

我在李伟育的工作室所见到的，不过是一位技师往一个似木非木、似泥非泥的模壳上小心翼翼地涂刷着一种粘厚的深褐色涂料。看我凑上前去，技师连忙制止，问道："你是不是过敏体质？这可是大漆，碰到就会叮人的。"大漆，即从树上割的生漆。原来，这就是传说中的"夹苎脱胎"。夹苎脱胎漆艺，正是临海佛像制造最主要的特色，它其实是"干漆夹苎"工艺的一种。

干漆夹苎法，分为两大类型，日本的两尊圣像，刚好各居其一。

清凉寺的为旃檀佛，属于传统做法，即以实木雕刻佛像，然后在木雕佛像的表面缠绕苎麻，再刷上生漆修饰。

鉴真坐像，则属于夹苎脱胎法。所谓"脱胎"，顾名思义，就是脱去内胎而保留外壳。"现在的脱胎造像，有两种方法。"李伟育说，一种是传统的"内脱法"，另一种就是现代创新的"外脱法"。内脱法是先用泥塑好佛像原型，再用轻薄的苎麻布贴裹泥胎，然后涂刷调有瓦灰的生漆，一层漆灰一层苎麻，如此反复三到十层，待苎麻漆壳硬结坚固后阴干，掏出泥胎封底，漆金彩绘；外脱法则多了一步在泥模外拓制石膏模具的工序。

当然，这只是最简略的说明。事实上，夹苎脱胎的工艺极为繁琐。从型模、秀光、刷模、开模、挖泥、上灰、夹苎、披灰到上漆、砂光、上朱、磨光、贴金，完整流程有将近一百道工序；所用原材料也十分讲究，如天然生漆、苎麻、五彩石粉、桐油，

必须都要台州本地出产；技法更是深奥，甚至有西方学者将其与北京景泰蓝、景德镇瓷器并称为中国传统工艺"三宝"。

显而易见，单纯以工艺而论，夹苎脱胎要比传统干漆夹苎更复杂。它也因为脱去内胎而避免了木胎易开裂的弊病，相对易于保存。而用外脱法制成的石膏模具还可以反复利用，批量制造，也是传统方法中一个木雕只能对应一尊造像所不能比拟的。

此外，夹苎脱胎法制成的佛像有一个最显著的优点：因为佛像是空心的，不仅美观，还十分轻巧。

李伟育展示了一组他的作品。初看起来，就是寻常戏曲人物的泥塑，但仔细打量却会发现，这些泥人的动作十分轻盈，尤其是一位做后滚翻的武生，整个身子都悬在空中，仅凭着一根细细的木棍，以完全不符合物理学原理的姿势触地。"这些泥塑就是用夹苎脱胎法制作的。看起来沉甸甸，其实非常轻，一根棍子就足以支撑全身了。"

很多人认为，佛像越重才越有威严，镇得住场面。事实上，很多时候，这种沉重往往会带来不便。尤其是佛教传播早期，

夹苎脱胎可分为内脱法和外脱法两种，最主要的区别是外脱法在内脱法之后多了一个刷石膏的步骤。待石膏晾干后，在其内部涂干漆、贴麻布，再脱掉石膏外模。制好的石膏模具可以重复利用，批量制造同一款塑像。

佛雕造像烙印着时代的影响。对佛像进行精雕细琢，其过程
不仅是对技艺的磨炼，也是对审美的考验。佛像的体态特征、
面部形象、服饰线条，都需有区别于寻常人物的细节元素。
审美的觉悟就是塑佛人的一场自我修行。

需要"行像"弘法，也就是抬着佛像绕城巡游，此时就要求佛像既要看起来高大威严，又要抬起来轻便，即"举之一羽轻，视之九鼎兀"。这种情况下，用夹苎脱胎法制作的空心佛像便成了最好的选择。

改变了佛教造像历史的佛雕技艺

据考证，在东晋时期，夹苎脱胎漆艺就已经在台州各地盛行开来了。

其实，"夹苎"技术早在战国时期便已经出现，很多地方都出土过坚实轻巧的日用夹苎漆器，如杯、奁、匣之类——那究竟是什么原因，使一项原本分布广泛的日用工艺，最终却在台州形成了一项地标性的传统佛门绝技？

李伟育说，这获许得归功于一位大宗师级别的古人。

台州的佛雕，源头可以追溯到东晋的美术家戴逵。脍炙人口的王子猷雪夜访戴，访的就是他。戴逵与画圣顾恺之同时期，名声也不相上下，只不过顾恺之精于笔墨绘画，而戴逵则擅长雕刻及制造佛像。后世以为，汉魏以来，佛像"形制古朴，未足瞻敬"，直到戴逵的出现才得以真正改变，因此将其尊为首创中国式佛像的艺术家。戴逵本是中原人，五胡乱华后，随着晋室南迁，定居在剡地，即今浙江省嵊州的西南一带，就在台州毗邻。

在美术史上，干漆夹苎工艺的发明，被归到戴逵名下，还有个故事。据说戴逵曾为一座寺院雕刻佛像，造型厚重线条流畅，他自己也十分满意。可几年后，他再次前来，却发觉自己的作品已经开裂变形。有没有办法避免这种情况发生呢？戴逵作了无数次尝试，却始终毫无头绪。直到有一日，他经过一座正在施工的祠堂，见到几位工匠用生漆将苎麻包裹在梁柱上，说是如此能保牢固永久。

戴逵的眼睛一亮。不久，他制造出了中国第一尊干漆夹苎佛像。

佛像制造史上，漆的运用，绝对是划时代的一件大事。我国特有的生漆，至今仍是所有的天然漆料中，最坚硬、最耐久的一种。能防潮、防蛀、防腐，且不开裂、不惧酸碱腐蚀，用来髹饰佛像，可以长期保存，千年如新。

然而，佛像首先是雕像，作为一门艺术，坚固之外，更重要的还是本身的审美。虽然最终被脱去，但一尊漆艺佛像，其造型的关键，首先还是泥塑。

与"夹苎脱胎"一样，泥塑在临海同样有着悠久的历史。

"就说这尊鉴真像嘴角的弧度吧，多一分则虚浮，少一分则沉郁，必须要恰到好处，才能还原他的神韵。"谈及泥塑时，李伟育反复提及一个词——"恰到好处"。

相比其他派别，临海泥塑更为注重刻画神采和细节。塑造人物，身体比例、五官神情，甚至衣服纹路、皮肤肌理都要体现得细致入微。日本招提寺的鉴真坐像，便是这种极致写实风格下的作品。也正是这种对人物由形到神的真实刻画，令这尊坐像的意义，超出佛教界与文物界，成为

李伟育的佛雕造型多来自经典佛教造像，但也有不少原创设计。最近，李伟育与父亲李善土正在完善一尊弘一法师的塑像。父亲于李伟育而言，既是慈父更是严师，老一辈匠人做事精益求精，即便是最不起眼的细节也要一遍遍仔细打磨。如今，李善土年事已高，精进夹苎脱胎漆艺的重任已经交到李伟育这一代人的手里。

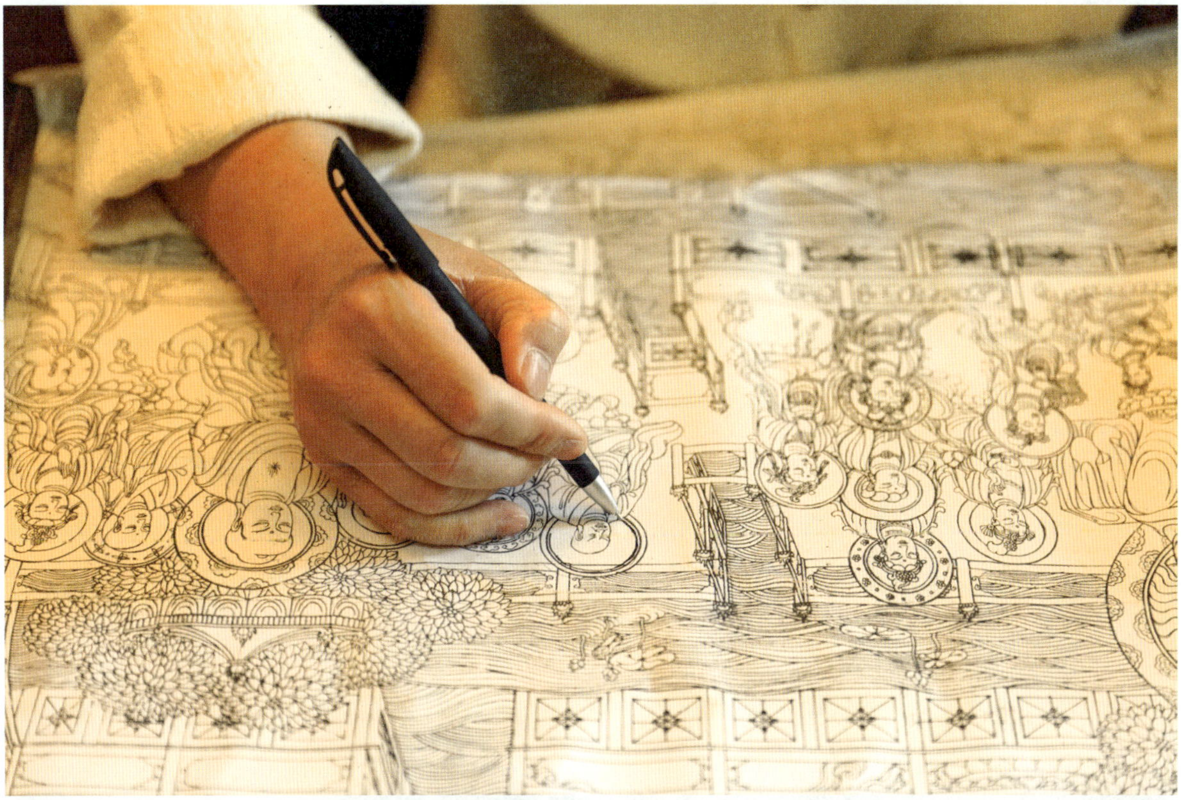

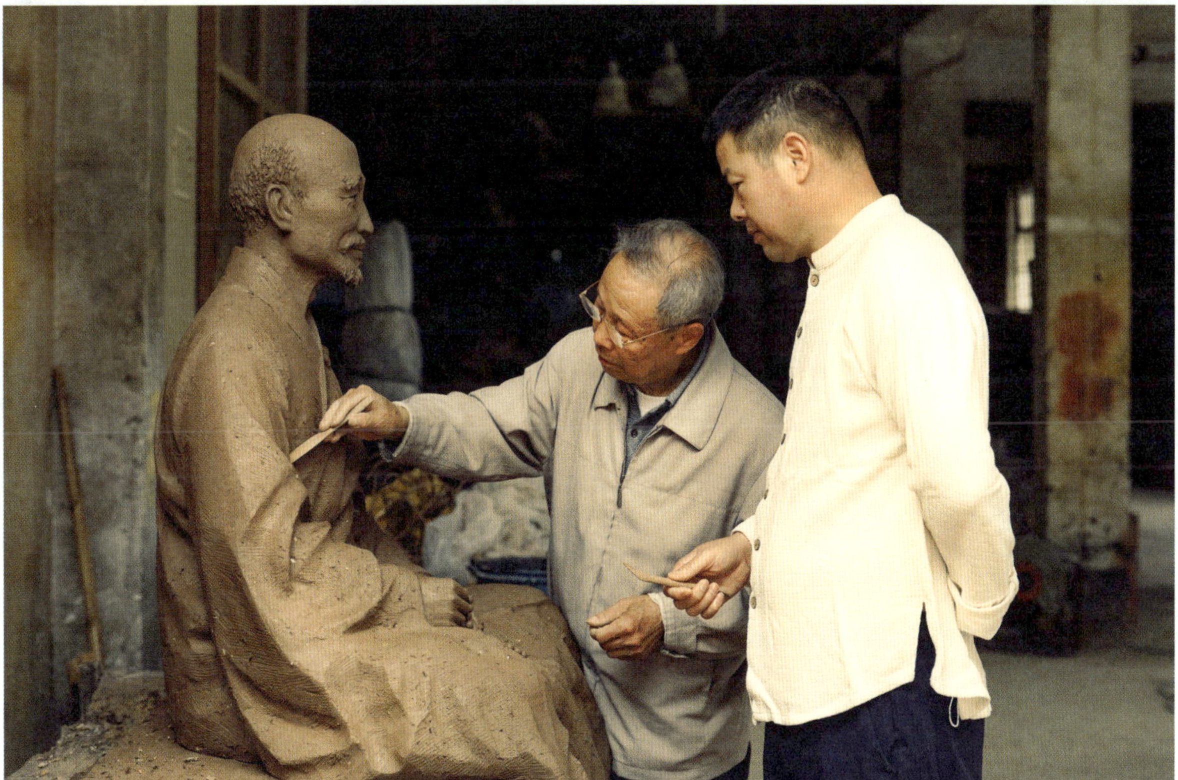

整个日本美术史上的一个标杆。因为它的出现，宣告了日本人像雕塑个性化时代的正式到来。

在此之前，日本的人像作品，几乎千人一面，极少有各自的特征。

山与海的相遇，也是文化的碰撞融合

"神态生动""线条柔和""造型优美""刻纹简练"……对于这尊坐像，历代日本艺术家已经给予了无数赞誉，而其中提到最多的，还是鉴真身上的衣褶。

"衣褶本来就是临海佛像的一大特征。"李伟育告诉我。他带我看了他收藏的、明清以来的多尊本地佛像。这些佛像工艺造型不一，但都有一个共同的特点，即特别强调衣纹的褶皱，层层叠叠，简直像海水的波浪。

"这种特别的衣褶，我们称为'水衣纹'。"

"水衣纹"这个名词立刻令我记起李伟育介绍的塑造佛模用的原料，是一种纯净细腻，且黏性好、韧度强，十分适合用来塑形的青丝泥。而这种泥广泛分布在沿海滩涂地下两三米处。

李伟育成立雕塑公司后，建了一个造像艺术博物馆，用以传播夹苎脱胎漆艺文化。李伟育是管理人、传道人，但他最喜欢手艺人这个身份。他说，这练了小半辈子的手艺可不能轻易荒废了。

山里的漆与海里的泥。原来，是山与海共同成就了一门绝技。

山的尽头，海的边缘。我因此又想起了临海的地理位置。佛教传入中国，不外乎二条线路：陆传，海传。无论哪一条路线，在中国的版图上，处于陆地东缘的台州和江南，都是离天竺最远的一站了。

一种外来宗教的传输过程，本质上也是主客两种文化从碰撞到融合的过程。也就是说，在这漫长的旅程中，佛教有足够多的时间与空间，去接受中华文化的改造。体现到造像上，便是凹目渐渐填平，高鼻渐渐缩减，卷发渐渐平直，裸体渐渐遮掩……以观音为例，那位原本留着胡须、阳刚雄健的男菩萨，早在洛阳龙门，就已经化身为一位发髻高束、体态婀娜、神情妩媚的中华贵妇。

或许很少有人注意到，在江南腹地的浙江中东部，以台州为中心，存在着一个最高等级的佛教辐射圈：天台、慈溪、奉化、普陀，区区几百里内，竟然聚集了罗汉、弥勒、观音三大道场！且不说水月观音与坦腹弥勒，当金刚杵与降魔杖演变为一把乡间老叟手持的破蒲扇，济公的放浪形骸，是否很容易令人联想到一种佛门中的魏晋风度？在江南，在台州，这些印度智者们，终于彻底适应了各自的中华面孔。

我忽然意识到，泥塑也好，漆艺也好，临海，抑或说台州，注定会出现这种细致到表情、深入到人心的艺术创作。山漆与海泥，注定会在这座临海的山城垒起一座中国人自己的灵山。

临海闲音，寄情词调

撰文
胡瑜

摄影
李稔 等

府城人引以为豪的心情与底气，一句"千年台州府，满街文化人"足以洞见。那街，自然是连接府城南北两端，保留着唐宋遗风、明清格局的紫阳古街了。紫阳古街因北宋时居住于此的南宗道教始祖紫阳真人张伯端而得名，而在张伯端埋首璎珞巷宅子中撰写《悟真篇》之前的唐神龙元年（705），古街南端巾山下的龙兴寺已经建成，五十年后人们又在街北端的北固山建了一座祠堂，纪念首位在临海开官办学的郑虔。回顾府城身份的初次确立，不过是唐高祖武德四年（621），可见作为政治中心的府城，确实为临海人高效地配置了融儒、释、道之中华文化主干精髓于一体的文化格局。府城人崇文重教所收获的成绩，最辉煌的历史时段莫过于宋代，科举中进士者二百二十五名，这么看来，所流传的"满街文化人"一说，哪有半点夸张？

当许多府城人及其家族的命运因科举入仕而改变时，对古城而言，更为润物细无声的影响，却是府城人对和合文化的向往，以及由此形成的闲适的生活美学。临海词调，就出自如此恬然自得的府城生活，奏唱出临海人的日常闲情。

在地理意义上，与杭、嘉、湖之间还隔着一个宁绍平原的临海，确实置身"江南"之外。但在文化认同上，尤其是宋明以来渐成规模的临海文士们，却很"江南"：他们向往精致、典雅、细腻、柔媚、奢华……由此构建出一个江南气质十足的精神家园。而临海词调，可以说正是这处家园的一曲主题旋律。不过，临海词调又是小众的，寻常老百姓的日常娱乐更接地气，他们多半更乐于选择台州乱弹，一种更加肆意、欢腾、热闹的民间戏剧。安静坐唱的临海词调，多数时候只出现在府城乡绅富户们的大宅深院中。

唱出一片闲情

临海词调，又称才子词调、仙鹤调，主要流行于临海及周边地区。在近五百年的历史中，不断吸收融合南戏、海盐腔、昆曲和当地民间小曲而成，音乐轻柔婉转，悦耳动听。临海词调的形成，有选择，更有坚守。

海盐腔和昆曲，均是中国古典戏曲音乐的典范，临海人尝试用自己的语言与文化，承接音乐、演唱的最高范式，最终结合成了这一独特的曲艺——临海词调。

"词调"名称的由来，可以看出这一地方曲艺的历史渊源与个性气质。临海所处的浙东沿海，历来是戏曲声腔的繁华之地。形成于此的宋元南戏，是中国戏曲成熟的最早形态。明初四大声腔极大地推动了地方剧种的丰富和发展，其中出自浙东沿海的就有海盐腔和余姚腔。从地缘关系来看，余姚与临海更为接近，但有意思的是，临海词调却偏偏舍近求远，相中了南宋乐师张镃所创的海盐腔。张镃将当时最流行且高雅的宋词音乐带回海盐，在自家园林"令歌儿衍曲，务为新声，所谓'海盐腔'也"。可见，创制之初的海盐腔，就以演唱词调和文人自娱为特色。临海词调，则始终因为这一渊源，保存着"词调"的名称。

临海词调的兴盛与明嘉靖年间台州一位叫谭纶的知府有关，他是抗倭名将，又对戏曲十分着迷。他邀请昆山戏曲家对当时在台州已经十分盛行的海盐腔进行改革，唱腔上强调"字正腔圆，转喉押调"，伴奏上则在原有锣鼓的基础上，再加上琵琶、月琴与箫管，这样的改良使得临海词调的曲牌愈加清丽工整，腔调也兼具轻柔婉转和激昂慷慨。

昆曲风靡大江南北时，有不少文雅之士不爱观剧，只爱拍曲。其中理由，或有些矫情，说什么"清曲为雅宴，剧为狎游，至严不相犯"。（龚自珍）照此标准，三五文友以曲相会的清唱，就是雅士们装点身份、

标榜风雅的最佳道具了。台州府城的文人雅士，显然也极为向往这样的生活。于是，在风清月白的夜晚，移步崇和门外的东湖，走过回环悠长的曲廊，择一座四面环水的亭子，丝竹声起，随之传来拜月貂蝉登场时的一句"秋蟾似镜悬空照，丹桂飘香玉露浓"，此情此景，堪比当下颇为时髦的浸入式剧场的效果了。

临海人善歌，在府城的高墙大院之外，为更多人所接受的是道情和民歌小调。道情多叙事，如大地一般朴实，表演起来则坐唱、站唱、单口、对口等形式不拘；民歌小调多半依着劳动的节奏、顺着生活的情绪，即兴而且尽兴。有一首流行了数百年的《杜鹃鸟》，甚至从田间地头，被善歌的临海人刘道寄一路唱到了意大利佛罗伦萨的威尔第歌剧院。不过，最能体现临海人演唱的地道与传承的，应该还是临海词调始终恪守的曲唱规范。

由于唱奏的纯粹与精致，临海词调从不需要追求花哨的表演、紧张的叙事或一切噱头，只是静静地坐唱，"轻装的乐器，简易的场地"，规规矩矩地遵守着从海盐腔、昆曲中继承来的"依字声行腔"的曲唱规范，抒发点儿闲散的情怀，丝竹交织人声，顿成天籁。临海词调的唱腔，虽以台州书面语为主，但讲究字正腔圆，追求四声与曲调旋律的和谐，又以抒情而字少调缓，字腔重，行腔婉。一句《貂蝉拜月》中的"静悄悄移步忙把花园进"唱来，即多为一字多腔，一腔数转，唱者需运气从容，不急不躁，才能如行云流水般，不着半点痕迹，细腻处直现古典佳人的婉约情致。"字清、腔圆、音准、

同心同德保护文化遗产

临海词调为坐唱形式，处处可唱，尤其适合古城的街巷庭院和亭榭楼阁。每逢佳节，艺人常于月白风清之夜，相聚茶楼酒肆，或泛舟江湖，弹唱词调，消遣解闷，好不自在。

摄影／郭迅

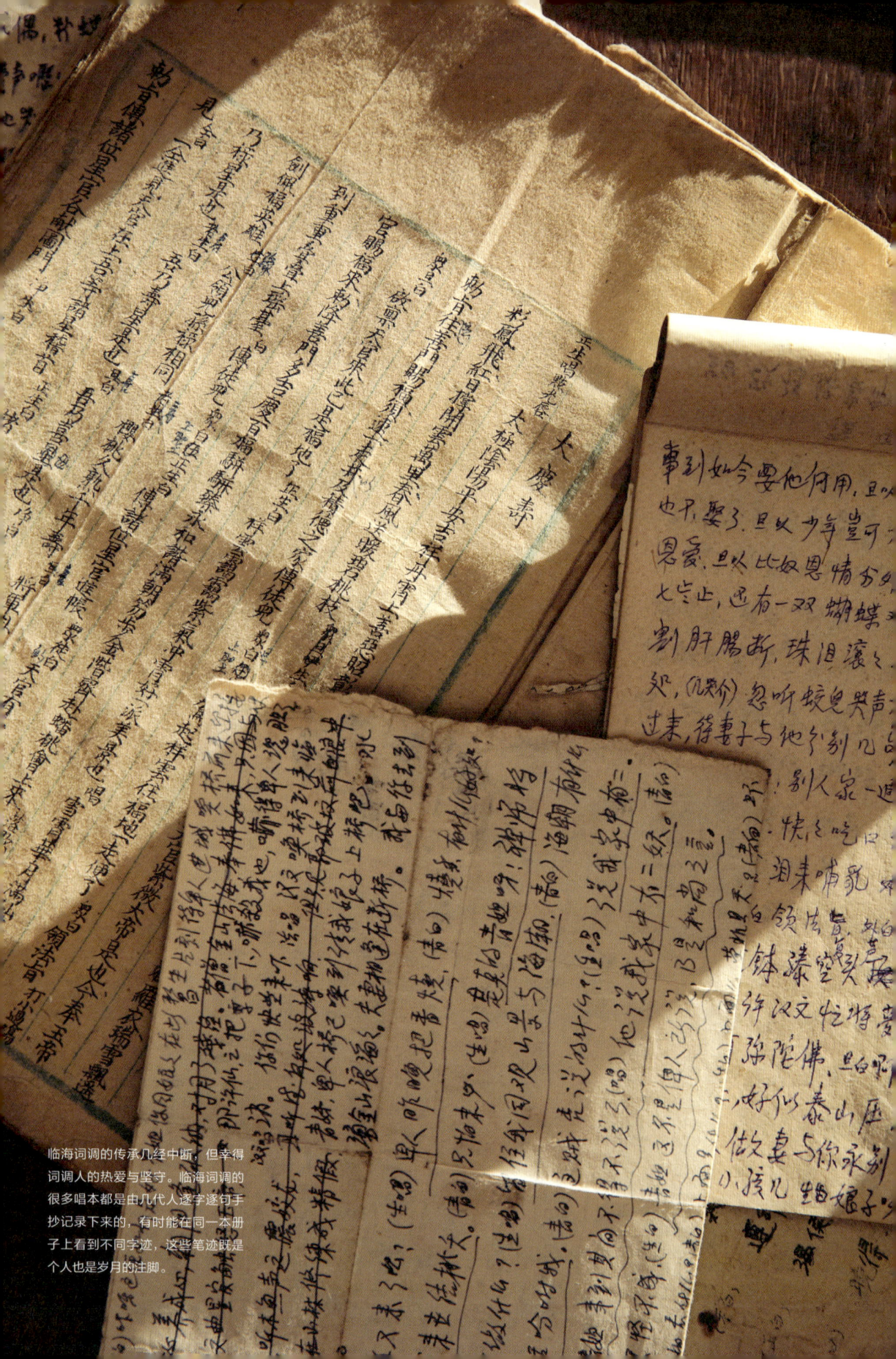

临海词调的传承几经中断，但幸得
词调人的热爱与坚守。临海词调的
很多唱本都是由几代人逐字逐句手
抄记录下来的，有时能在同一本册
子上看到不同字迹，这些笔迹既是
个人也是岁月的注脚。

板稳"，是临海词调唱腔艺术的总结，也可见临海歌者对于唱的认真、讲究，以及执着。

临海词调的传统曲目多为爱情题材，应该也是受到了明清昆曲独霸剧坛时"十部传奇九相思"的影响。《貂蝉拜月》《拷红》《渔家乐》《断桥》等，都是极为注重唱功的旦角戏。所用曲牌【醉花阴】【懒画眉】等，节奏多以中板、慢板为主，适宜表现柔和、清幽、飘逸的情绪与场景。至今，词调人仍在古城演唱着【懒画眉】【叨叨令】【点绛唇】【粉蝶儿】【醉花阴】等古老曲牌，以及《西厢记》《白兔记》等经典名剧中的唱段，我们生活的当下也因为历史与传统的注入而笃定了不少。

从当地文化部门退休多年的沈建中，既是临海词调的"老粉丝"，更是临海词调传承保护工作的关键人物。能演能唱的他，还参与了新创曲目的编创。传唱较多的，有《月满灵湖》《崇和新景》《大地尽显繁华景》等。这些曲目，在音乐上采用传统曲牌的连缀，最大限度地保持词调的传统音乐特色，唱词则多表现临海地方的四时美景。沈建中介绍起临海风光时，如数家珍。他说临海老城有东湖，新城有灵湖，临海非遗中心就设在灵湖得月园，词调的排练与演出也常常选在那里。

传唱了几百年的临海词调早已和府城的老街坊巷、长城古道、巾山群塔、灵江码头、东湖亭榭等景致融为一体了，赋予小城生活一种不媚世的怡然自得。而今天，依然热爱词调的临海人，清楚地知道词调中闲情逸趣的价值——是当代人回归内心平静时，来自这座古城传统文化的馈赠与启发。

一朝词调人，一生故土情

在中华人民共和国成立初期，台州专区文物管理委员会负责人项士元，是临海词调最早的记录者与研究者。他在《慈园音乐琐谈》中，提到自清代乾嘉年间以来，府城陆续成立了十多家曲社，包括停云社、成文社、近圣社、昭德社、凤韵社、逍遥社、薰风社、易风社等，拥有近百名成员。若以府城常住人家数计算，说这个时期几乎家家户户都有人入社唱词调，应该也是多半不差的。因为唱词为方言，临海词调发展成了雅俗共赏的市井文化，词调社团也吸引了一些出身贫寒的劳动人民加入，他们被叫作"短打派"，当地又称"赤脚鲜"，其中既包括乱弹班社的乐师，也有词调爱好者，一般会在商业类演出时临时组建起一个班子。

而文人雅士、富家子弟被称为"长衫派"，他们的表演多为自娱自乐，奏唱的是一片闲情。每当曲社聚会演出，往往穿上最时新的服饰，携带着自家的精美乐器，三五人围坐一处，丝竹声起，《大庆寿》中老生行的一曲【点绛唇】也随之平平和和、从从容容地唱了起来："太极阴阳平安吉祥，丹霄上善恶昭彰，福禄寿喜从天降。"这一幕光景，在围观的老幼妇孺眼中，想必有如误入神仙国中聆听仙乐一般吧。"神仙国"其实也是南宋文天祥路过临海时，记在诗中的一番称叹，他说："海山仙子国，邂逅寄孤蓬。万象画图里，千岩玉界中。"所以，应该也只有轻柔动人、悦耳爽心的词调音乐，才能真正配得上这片乐土胜境。

今天的回浦路，还保留着一幢旧式红楼，踩上去木质楼梯和地板吱吱呀呀地响着。红楼的二层是临海词调传习班的活动基地之一，每周六下午，76 岁的临海词调第四代传承人侯庭芝总会早早地到场，铺开一本名册，上面有传习班近三十名骨干成员的姓名，以及他们参加排练的出勤记录。

这是五月初的午后，尽管还没有正式入梅，但天气却闷热至极。不到一点半，二十多位成员已布置好了排练现场，演唱者分三排居中就座，二胡、笛子、琵琶、三弦等伴奏组靠着窗户自成一队。唱旦角的侯庭芝手执檀板，面向众人，负责协调乐队与演唱者。下午的排练是为即将举办的非遗宣传活动做准备。第一支曲子是传统曲目《大庆寿》，讲的是众仙女引天官奉玉帝敕旨降临人间，为积德之家赐福。这是临海词调最为经典的曲目，明清以来在府城人家的厅堂之上、花园之中，曲友们或自娱，或为亲友祝寿，都少不了这首喜庆祥和的曲子。老府城人，大概没有人不熟悉《大庆寿》的旋律。

现在的临海词调传习班，乐队多男性，演唱者多女性。但其实，女性成为词调人的时间并不长。1934 年，在旧台属六县联立女子简易师范学校就读的蒋桂青刚满 16 岁，成为了临海词调的第一批女性习唱者。在平等进步的时代思潮影响下，地方乡绅兼画家何公望联合了杨悟生等同道，在紫阳楼开办词调学习班，招收了七名女弟子。那年，何公望刚过而立，热情且才华横溢，招生、教学、排练、导演都亲力亲为，将《大庆寿》

《白蛇传》《出猎遇母》《马融送亲》等经典曲目搬上了县政府大礼堂，连续公演四晚。临海词调也因此实现了由私人曲会进阶为剧场公演的历史突破。

在这次公演中，初习词调的女学生蒋桂青饰演《断桥》中的许仙、《马融送亲》中的甘神童。不管是学堂里的女学生，还是礼堂舞台上的女小生，从此，蒋桂青生命中的许多画面便成为有关古城老街历史记忆的一笔笔清秀印记。十年社会动乱，蒋桂青与临海词调一度消隐，至 20 世纪 80 年代才回归公众视野。从难得保存下来的黑白老照片中，我们得以看到蒋桂青和曲友们当年参加演出时的风采。

已经年过花甲的蒋桂青，齐耳短发，脸颊瘦削，却双目有神、腰板挺直。和她一起的还有一群数十年间对词调越加沉迷的同行，比如大她两岁的王焕卿，其家族产业王天顺海苔饼是府城最享盛名的老字号之一；比如叶茂生，七八岁跟随父亲学习词调，致力于记录老艺人口述曲谱，并译成简谱，是词调传承的大功臣；比如余用光，为了在临海词调禁演期间继续和曲友聚会拍曲，把家中的窗户和门缝用纸和布条密密贴紧，不让曲唱的声音外传；比如方启融，清末出生、上过私塾，写得一手好字，在余用光家聚会唱曲时悬挂在墙壁上长宽各达一米的正楷歌本，就是由他一字字抄录的……

在这些老照片中，总能看到一位年轻女性的身影，那便是侯庭芝。这位 5 岁开始跟随母亲蒋桂青外出观摩词调演出，8 岁第一次登台，13 岁主演《貂蝉拜月》的年轻人，在词调艺术上的资历可并不浅。或者说，叶

临海回浦路上有一幢古朴的红楼，二层是临海词调传习所的练习基地。每周六下午，词调爱好者会带上唱本、乐器准时到达，如今已有近三十名骨干。只有不断精进技艺，才能成为合格的"词调人"。

博采了临海词调与元宵游街之精髓
的细吹亭是很多老府城人关于元宵
夜最美好的记忆。彩云、盈月、古街、
丝竹，身临其中，犹如置身神霄绛阙。
供图 / 五月 May

茂生、侯庭芝等"曲二代"身上，临海词调的艺术基因是与生俱来的。前些年，在美国定居的女儿将侯庭芝接去团聚，顺便照看小外孙，享天伦之乐。"小外孙懂事了，我就回临海来了，丢不下这里。"侯庭芝无法割舍的，显然是她和母亲蒋桂青以及临海词调的历代传唱者通过一支支曲牌弹唱出的故土情思，只有置身其中，才不会失了精神的家园。

仙乐飘飘，余音绕梁夜不寐

和其他地方性的曲艺相比，临海词调还有非常独特的地方。词调演唱形式不拘，场地人数不限，多则十余人，少则三五人，大家围坐在庭院堂前，手持乐器，吹拉弹唱，悠然自得，没有职业艺人，不以营利为目的。说是"艺人"，实际上都是临海地方的文人雅士、乡绅富户。这些精通音律，谙于吹唱的闲适子弟，组成了曲社。在古城老街的岁月流淌中，他们乐于带上自家的乐器，客串生旦净丑的戏剧人生，自弹自唱着临海词调的清音妙乐，认认真真，绝不辜负生命中欣逢的这一片闲情。所以他们的"艺"，可能是对孔圣人提倡的"游于艺"的一种实践，或者是在"不为无益之事，何以遣有涯之生"的艺境中的一种逍遥。

曲社雅集的时间常常选在应节应景之时，久而久之，曲社的表演就成了府城节庆活动中颇受瞩目的节目了。当曲社的乐器演奏和诸如元宵游街等民俗活动结合起来时，衍生出了一种叫做"细吹亭"的民间音乐形

临海词调第四代传承人侯庭芝（一排中）是"曲二代"，自幼跟随母亲蒋桂青登台表演。如今，侯老师不仅肩负着传承临海词调技艺的责任，也在言传身教老一辈词调人的气韵。

式。据说，最早的细吹亭是由清光绪年间昭德社社员张晓山发起，并很快得到了成文社、近圣社等曲社的响应，乐手在锦缎霞帔的彩亭下演奏，成为一代代临海人关于元宵夜最刻骨铭心的记忆。

即便加了元宵节庆的全民狂欢场合中，细吹亭仍保持了一贯典雅的风度。单看亭子的制作，就足够让人啧啧称奇了：

亭的结构分上、中、下三层。红木精雕细镂，额以社名，底盘有四腿虎脚落地，四面雕龙狮图。中间是四面（或八面）花窗，窗两边是琉璃片，四边书有四副对联，以示吉祥如意。四面窗楣有四条精雕的金龙，神态栩栩如生。中挂气灯一盏，下有檀香熏炉一只，出游时，檀香熏燃，芳香缭绕。上部为顶架，用真丝绣成丹凤牡丹图，四角挂十六盏明珞灯，并张挂绣有芝兰芳草或山水人物的锦缎霞帔。（《临海词调》，浙江摄影出版社，第44页）

无论是在游街行进途中，还是街头广场的驻演中，这座古朴雅致的亭子都足够吸引众人的眼球。亭子的气势已然足够，而环绕亭子的"细吹"阵容更令人神往。这是一支约二十人的乐队，由碰钟领头，包括二胡、京胡、笙、横笛、洞箫、琵琶、扬琴、三弦等丝竹乐器。而演奏的曲目，就出自临海词调中最为流行经典的《将军令》《步步娇》《梅花三弄》《六十四板》等曲牌。丝竹，或曰江南丝竹，往往被视作江南水乡文化的代表，这些乐器决定了细吹亭旋律柔和、节奏婉约的音乐特点。词调人用一支丝竹乐队，营造出了临海自己的江南。

从事个体经营的余建民成为主胡已近20年。他年轻时下放农村，偶然间接触二胡，从此痴迷。回城后的一次元宵夜，在街头邂逅了细吹亭，二十出头的他当即告别了风靡一时的港台流行歌曲，跟随林晖、侯正华等老艺人学习临海词调的传统曲目。这一学一练，就是40年，他也从街头听众变成了学习者、参演者，直至主胡，以及细吹亭的代表性传承人。

余建民说细吹亭在元宵游街活动中，是众望所归的压轴出场。闹过了花灯、响彻了锣鼓，土铳炮仗与众人喧哗过了之后，夜渐渐深了，府城人纷纷回到各自家中，老街只剩下月光安静地铺洒在石板路上。

这个时候，真正的细吹亭演出开始了。

紫阳古街成了这支乐队的舞台。随着细吹亭的缓步行进，古街的里弄街巷，都笼罩在盈盈月光和清幽乐音中。大多数人已经躺卧酝酿睡意，但也有不少人披着衣裳，推开二楼的窗细细欣赏，或者，登上巾山小道，寻竹前松下，看古城灯火明灭，聆听山脚飘来的丝竹弦乐。细吹亭的演奏者和听众，让夜阑人静的古城化身为一座巨型音乐厅，演绎着岁月经典。

多少老城居民回忆过这种极致享受——沉醉在"人间哪得几回闻"的仙乐中，一片闲情，爱煞词调。

群山回唱，看好戏开场

撰文
何清颖

摄影
李稔 等

临海，虽然名中带"海"，但"七山一水两分田"的地理格局让临海气质中"山"的意味更浓重。

群山褶皱中，形成了一个个相对独立的自然地理空间。山里的人恣意、豁达，山里的生活也不拘一格。正如黄沙洋的"狮子"舞在层峦叠嶂之中，威风凛凛；大石山岙里的平地化作舞台，唱响流传千古的忠义仁勇。

山是稳定的，也是自成屏障的。有了阻隔，时间似乎流淌得格外缓慢，文化景观也变化甚微。但山因形走势，人因变则通，走出了大山的人与事，依然会有山的坚韧，藏在千仞立壁中。

一只狮子活跃了一村人

府城兴善门外的瓮城里，围了一圈又一圈的观众。此时，他们正屏息仰头看着什么，耳旁只剩密密的锣声、间或响起的鼓点，气氛愈加紧张。眼前是八仙桌叠出的宝塔，有五层高，最上层的桌子四脚朝天，桌腿用钢丝联结了起来。一位身穿黄色绸缎练功服的人由地面凌空跃上，光着脚，一层一层地跳上高桌。倒放的桌肚子里也有一个人，他上半身仰卧，一腿弯曲，另一腿朝天。刚刚飞身而上的人手抓着两个桌脚，以另一人的朝天腿为支点，翻身倒立，这个招式叫"独脚插蜡烛"。虽然每张道具桌子下都有人牢牢把持，但毕竟有五层之高，木桌和艺人本身的晃动不可避免。顶层的表演让人屏息凝神，而桌子每一次轻微晃身，都能让观众的紧张

加剧一分。直到表演倒插蜡烛的演员平安下桌，迟滞了几刹的叫好声才如惊雷般爆发。

但好戏还没结束，黄衣艺人继续表演了在桌脚上倒立、站桩，从一个桌脚闪转腾挪到对角线的桌脚等几个招式。而最后一个动作，才是惊险无比——一人仰面朝天，四肢向后撑在四个桌脚之上，这本已是十分耗费体力的高难度动作了，更绝的是，黄衣艺人手撑他的双膝，头顶他的腹部，翻身做了个倒立，是为"仰天竖"。因为不是在平地上，二人必须动作谨慎，精准控制每一寸肌肉，才能互相借力，默契配合。短短十几秒钟，观众脸上已经换过疑、惊、奇、悦好几种表情了，所有称赞只能化作无止掌声。

不愧是"艺高人胆大、胆大艺更高"的黄沙上桌狮子。

全国舞狮流派众多，若按表演动作的特

图中展示的动作是黄沙狮子表演中的
"叠罗汉"。一般叠作两层，外圈的
表演者站稳后，开始围着桌子转圈，
顺三圈再逆三圈，站在中间八仙桌上
的"狮子"则向相反方向转。这个动
作十分考验舞狮演员的默契，要求互
相借力，统一步伐。

黄沙狮子，又名"上桌狮子"，顾名思义，舞狮队要在堆叠起来的桌子上活动，做出跳跃、转身、翻滚等高难度动作，舞武一体。
摄影 / 陶峻

今年 46 岁的王建是黄沙狮子传习所的团长，除了安排团队的演出，也负责培养黄沙狮子的传承人。他经常自嘲，自己一头华发全是被黄沙狮子愁出来的。

点来看，可粗略地分为文狮和武狮。华南及南洋流行的南狮主要进行文狮表演，在平地上舞嬉翻滚、左右逢源，更讲究细节，可以惟妙惟肖地模仿出狮子的搔痒、摆尾、舔毛等动作，也有难度较大的吐球等技巧，强调与观众互动。而黄沙狮子擅演武狮，通常会在正式开场之前进行一段武术表演，这个环节叫"扫场"。耍拳、弄棒、对打、多人厮杀或刀枪剑戟，各尽其能，先把表演的场子热起来，吸引四邻八居的百姓赶过来看表演。

这也是黄沙狮子最大的特点——舞武结合。

台州民间习武成风。北宋年间，临海黄沙洋（今白水洋镇）下洋岙村有个叫杨显枪的拳师，自幼爱好习武，到各地学武访友后练得了十八般武艺。他学艺出师后，一心想报效国家，便投入杨家将的麾下，很快精通了杨家枪法。谁知，杨家将为朝中奸臣陷害而全军覆没，杨显枪侥幸逃脱回乡。他见家乡破败，便开设了一间武馆，招募身强体壮的青年习武健身，传说这家武馆不设大门，师徒平日进出需飞檐走壁，攀窗而入。

杨显枪在教授徒弟武艺的同时，想着为枯燥的习武生活增添些许趣味，也寻思着如何为武馆开源节流，于是，他想起自己学过的舞狮表演。杨显枪既是狂热的武术爱好者，自然想把武术与舞狮结合起来。他把村里常见的八仙桌堆叠成宝塔状，最多能达九层，让狮子上桌，跃行其间表演翻滚、倒立、跳跃、抢球等一系列技巧，自下往上看，狮子如腾云驾雾，直入云天，邻里乡亲自是喜闻乐见。杨显枪带着他的舞狮队一边闯荡江湖，继续切磋武艺；一边进行舞狮表演，养家糊口，逐渐闯出了名气，带动起了黄沙洋一带的舞狮风尚。

"锣鼓响，脚底痒"，民间舞狮必有锣鼓伴奏，包括大锣、小锣、叫锣、大钹、皮鼓等。音乐既为舞狮助兴，增加气氛，也起控制节奏、引导表演的作用。乐幅可长可短，曲牌、节奏、力度、频率，均根据现场状态临场发挥。其中，鼓手的身份最重要，鼓点用来发号施令，指挥着打击乐烘托气氛。乐队与舞狮队配合得当，能共同演绎出狮子的喜怒哀乐和威猛、机灵、狡黠等性格。

上桌狮班的人数一般为二十多人，其中，狮子班最少八到九人，一人运绣球，二人舞狮，乐队四五人，再加上一名领班，其余人以武术表演为主。几百年过去了，想舞好黄沙狮子，要下的苦功夫不会比杨显枪当年训练徒弟武艺的时候少几分。现在，每个周末，黄沙狮子传习所的团长王建都要带着他的徒弟练习基本功。王建从 2016 年开始负责传习所的基本工作，按可考的谱系算下来，他是上游村黄沙狮子的第七代传承人。自他接手之后，传习所成员的平均年龄迅速降低，因为很多新成员都是在校中学生。年轻人舞狮，最大的优势是身强体壮，比较容易完成高难度动作，这对保持黄沙狮子表演在众多舞狮流派中的竞争力十分重要。自愿来学艺的学生不为求生计，大多是为强身健体而来，倒是与黄沙狮子创立之初的目的一脉相承。

黄沙洋地区多丘陵山地，水田少，历史上从未开设过驿道，交通闭塞。加之地处灵江上游，滩多水急，一旦大雨频发，就是一片泽国，若多日无雨，又成旱地。上游村有首民谣唱道"前面溪滩，后面荒山，三天无

黄沙狮子对舞狮演员的武术功底要求很高，也十分考验团队的配合力。所以，日常培训都是集体训练，不只是为了让所有团员掌握相同的动作要诀，也是希望大家在集体活动中增进团队凝聚力。
摄影 / 齐文兰（下）

雨地裂缝，一日大雨白洋洋，有囡不嫁上游汉。"自然环境恶劣，旱涝无常，村民不得不想方设法学门手艺养家糊口，舞狮就是一个不错的行当。

上游村里很多老艺人回忆起学习舞狮的机缘，都说，过去表演黄沙狮子，不论拜年、跳郎、送子，还是赶庙会、老爷寿日的演出，都是为了拿纸包钿。有时跳上一次，大户人家给的一个红包能抵得上种庄稼时一个月的收入。黄沙狮子的鼎盛时期是清末至民国初期，整个黄沙洋有二三十个狮子班，有些大村甚至有两三个。

上至帝王将相，下迄僧俗黎民，都视狮子为祥瑞。在以农为本的社会里，节气与农事中，以瑞兽来驱邪娱神，是祈求吉祥的传统方式。每逢重大节庆，有祥瑞之意的狮子都要"出山"，尤其在每年农历腊月二十到新年二月初二期间，黄沙狮子的表演邀约更是应接不暇。时值农闲，平日里务农的舞狮人放下锄头，穿戴上舞狮的行头，走村串乡，拜岁贺喜。

临海的黄沙狮子威而不怒，但保留着的獠牙透露出它作为北狮的"猛狮"基因。北狮为长毛，在形象上与真狮子更接近，而南狮则是"萌狮"，长睫大眼，皮毛也是色彩艳丽的水波状。过去，制作黄沙狮子的材料多就地取材，狮头的骨架用竹篾、眼睛用毛竹筒制成，下颚是一个能活动的木架子，上下开合，发出"砰砰"的脆响，给狮子增添了些生气。狮身以红色细布为皮，两侧拼接深蓝色粗布，最后缝上原色苎麻制成流苏，拟造狮毛。

现在，为了轻便，黄沙狮子用的是定做的塑料狮头。其实，改良了的不仅仅是狮子的形貌，更多的是舞狮的态度。自创立以来，黄沙狮子几经沉浮，有过辉煌，有过落寞，顺应时代的求变才是生存的韧性。

车灯不灭，戏魂永存

同样位于天台山脉上的河头镇毗邻白水洋，过去叫大石区。自唐代晚期开始，陆续有北方人为躲避战乱、灾荒，迁居至大石山区，其中不乏朱氏、金氏、梁氏等北方望族。在大石，人口构成最复杂的村子能有100多个姓氏。人员流动频繁，自然而然地成了南北文化交融的区域。

所谓车灯戏，其实是一种地方小戏，清嘉庆年间（1796—1820），大石地区筹建供奉关公的三官堂时，顺势将关公送皇嫂过五关的故事编成了一出戏曲。历来传统剧目也有好几出，都与关羽有关，但因为《关公送皇嫂过关》尤为精彩，逐渐地，凡提大石车灯戏，必说《关公送皇嫂过关》，很多时候二者相互混指。所以，"车"指的是两位皇嫂坐的辇车，"灯"是挂在辇车四个角上的小灯。

可以想见，"车灯戏"的得名大概也源自乡野称呼。也许是始于一次元宵灯会，村里各处张灯结彩，村人如往年般穿戴一新，走亲访友。天刚刚擦黑，满是爆竹纸屑的空地突然传来阵阵锣鼓喧嚣，引得人们开门探视。锣鼓声息，丝竹声起，身着黑衣白裤的马保跑完一个圆场，紧跟着回身亮相，左腿板过头项。这时，身穿铠甲的绿衣关公起嗓

大石车灯戏传习所的排练厅设在临海市非遗中心。传习所自成立至今，队伍稳步壮大，现有 50 多名车灯戏爱好者参与。充足的演员储备，给了金学文导演创作新戏的无限动力，好剧本不会再无法呈现。

大石车灯戏的道具和走位都不复杂，
只要有一方空地即可表演，行动灵便。
这个特征暗合了它来自乡野的本质，
随遇而安，十分具有生命力。
摄影 / 朱建初

"写柬辞曹出许昌，保平皇嫂早团圆——"，手持青龙刀，骑着赤兔马登场了；随即，两位皇嫂的彩灯车轿也从左右两侧上台，二位轮番接唱，曲调委婉。后台锣鼓弦索乐手兼任和声帮腔，一人咏唱，众人齐声和之。马和车轿在乐声中轮番跑圆场，挂在车轿飞檐上的彩灯如星光掠过，与各家各户屋檐上的灯笼交相辉映……

到底是谁编写、表演第一场车灯戏，已无从考证。我们只知道，争新斗奇的大石人，在热闹的灯会上演了一出老少咸宜的关公戏。自此，表演一年年继续，边演出边改进，便成了如今以车灯为固定道具的地方戏。

大石车灯戏如大石人的性格，坦荡又直接。曲调为高亢嘹亮的大石高腔，"金鼓喧阗"，锣、鼓是必备的伴奏乐器，条件宽允的情况下，再搭配二胡、板胡、三弦、阮等弦索乐器，能表达出更饱满丰富的人物情感。高腔"向无曲谱、只沿土俗"，大石车灯戏以方言为唱，随心行腔，自成腔调，增加了不少"夹滚"唱句，相当于口语式的旁白，对邻里乡亲而言，十分平易近人。

戏曲表演讲究唱、念、做、打相结合，其中，唱是传情达意的精髓，唱法好，其声才有韵味。车灯戏的曲牌有二泛、接龙、二黄、纺子、西皮、肚子、二唤、十字调等二十余种。唱腔如所有的地方高腔一样，在宋元南曲的基础上，博采众长，自成一派。

自诞生之初，车灯戏就以天地为舞台，表演以行唱的方式进行，只用唱词和走位来推动剧情，一刨（绕场）即为一场戏。经典戏目《关公送皇嫂过关》共分五刨，关羽千里走单骑，护送刘备的两位夫人到

大石车灯戏的主角是关羽，角色形象
与其他戏曲中传统的关公形象一致，
为红脸绿袍。旧时，关公的袍服一定
要由车灯社亲自染成绿色，以表对关
公气节的尊重。

河北，一路上过五关斩六将，这五刨戏分别讲的就是关云长过的五道关。一出戏只用七位演员——关公一人、车灯娘两人、马保两人（小校、马屁各一人）、车夫（也称"车灯狗"）两人。

演员的服饰借鉴了京剧中相关人物的造型元素，既有北方的华贵大气，同时也结合了功能需求和在地审美。比如，京剧中关公的服装为袄、靠、袍、开氅等，服饰形制较为复杂，而车灯戏中的关公腰间绑着道具"马"，同时要扛着大刀行走，服饰不能过于沉重和繁琐。所以，最初的大石车灯戏把关公的服饰简化成了一件轻薄的棉纸戏袍，直接从领口处套穿，腰间束带；在色彩上也进行了简化，通身为绿色，再加上黑炭绘制的纹样。

岭下村是大石车灯戏的发源地之一。村民金荣审成立了"怡情社"高腔车灯班，这支由36人组成的戏班，走出了大山，走遍了全省各地。清嘉庆元年（1796），新帝下江南巡视，恰好碰到了怡情社在杭州的演出。据说，嘉庆帝看了大石车灯戏后，龙心甚悦，赏了金荣审一块朝板，至今，那块朝板仍完好地保存在岭下村的金氏宗祠里。

20世纪30年代是大石车灯发展的全盛时期，当时活跃演出的有岭下、五村、宜塘、沿溪四个村的车灯班。适逢年节，各车灯班会串村走户，流动演出。然而，在其后的岁月里，遭遇了时代变革、文化冲击的连续打击后，大石车灯戏的荣光迅速黯淡了下来，几乎绝迹。把金仁罡、金学文、叶小里等人恢复大石车灯戏所做的工作称为"抢救"，

并不夸张。2012年，他们一行五人专程到宁波拜访已经90多岁高龄的车灯戏老艺人金丕义，整理大石车灯戏的剧情，记录大石高腔的曲牌。金丕义见到老乡专为车灯戏远道而来，亦很动情，不仅倾囊相授，把两箱古旧戏服和道具送给了他们。过去的戏服道具都由麻纸、棉纸制成，多年过去，自然早已腐朽，但它们于大石车灯戏的传承人而言，是如定海神针般的存在，箱子里封着的是老祖宗留下来的戏魂。

第二年，大石车灯戏传习所正式成立，金仁罡任所长，负责管理事宜，而编导科班出身的金学文则操持演出的方方面面。金学文年轻时在杭州文工团工作，编、导、唱、演，无所不精。回大石中学当老师后，对车灯戏逐渐入了迷，退休之后，终于有时间和精力全身心投入车灯戏的复兴工作中。金老师文武双全，连传习所的武术动作都由他亲身示范指导。

大石车灯戏向来只以关羽为主角，但金学文正在尝试创新。去年年底，他开始创作新戏《戚继光斩子》，历经四个月的创作和排练，本计划在今年上半年公演，却又碰到了非常时期，只好被迫延迟。但金老师说，经历过只能蜗居在桥洞下排演的苦日子，只是再候上区区几个月，又是什么难事？

每周一，大石车灯戏传习所的三十多名成员会在非遗中心的排练厅集合。岁月悠悠，当"刀挑锦袍，辞丞相，封金挂印离曹营，思兄心切，护二嫂，万里征途遥遥"的唱词响起，深掩在戏文之中的生命力便破土萌发，这种从大地中长出来的演出形式，虽乏于精炼，却有浩浩汤汤、横流四方的气势。

地道风物

地兼山海之利，临海人因循自然，竭尽才智，以渔猎山伐为业，山的厚重和海的灵动，交融在食材与口味之中，一切都是对自然最周到的开发。不时不食，体悟食材本性，既是应时按季的自然之法，又是庆祝节令的礼俗之法，临海人的饮食之道，早已内化在四季的更替中。岁月不居，周而复始，而山川依旧，风味不改。

穿越四季，寻遍山海风味

大时代，小岁月：临海农业"进化论"

台州有嘉木

穿越四季，
寻遍山海风味

撰文
徐文翔

摄影
李稔 等

德国哲学家费尔巴哈说："人就是他所吃的东西。"就一个地域而言，这一方水土的饮食风貌，却是无数个体在千百年间长期积淀而成的，其中有着自然环境和物产的影响，更有着人文历史与习俗的浸润。对于临海来说，饮食就是它的一张名片。懂得了"食在临海"的内涵，也就懂得了这座城市的大半。

"食在临海"的"食"字，可以理解为名词属性。

"临海为台领县，华顶括苍，峙名山于西北；灵江沧海，环秀水于东南。河山灵秀，代毓人文。"（民国《临海县志》）兼山海之利的地理，为临海的饮食提供了丰富的食材；而食材的丰富，又让临海人有了大展身手的底气。山的厚重与海的灵动，也在临海的饮食中实现了完美的交融。来自山区的厨帮，几乎一统台州厨界，他们擅长以家烧、红烧的做法烹制海产，为台州菜打下了深深的临海印记。山离不开海，海也离不开山，二美融合，便成佳馔。

食在临海，不能不提小吃。小吃的精髓在于就地取材，对一个地方的物产是最直观的反映。临海小吃知多少？叫得上名的，少

说也有一百五六十种。临海的小吃，食材都不复杂，但顺应物产、顺应时节，还顺应着人的脾胃，可谓简约而不简单。依岁时而食，既是应时按季的自然之道，又是庆祝节令的礼俗之法。从春夏到秋冬，临海人的饮食之道，早已内化在四季的更替中。

"食在临海"的"食"字，又可以理解为动词属性。

临海人的饮食文化，讲究个"道"。吃什么，怎么吃，为什么吃，把这三样弄明白了，就是"道"。拿本地人钟爱的鱼鲞来说吧。《广韵》曰："鲞，干鱼腊也。"说白了，就是晒干的咸鱼。可临海人王克恭老先生，愣是为这干咸鱼写了一本书，还堂而皇之地起名为《鲞经》。光那工师奏刀的描述，就叫人叹为观止，仿佛手里的不是一条黄鱼，而是一件艺术品。

临海人的"不撤姜食"，体现的更是上古的饮食之道。姜"通神明、去秽恶"，但吃得不合适，反而会"积热患目，伤心气"。临海人食姜有道。譬如姜汁，绝不直接饮用，而是以多种食材与之调和，并加以特有的烹饪方式。姜汁炖蛋、姜汤面甚至姜糖，总之

临海的乌米八宝饭，大多用的是寻常食材，莲子、豆沙、陈皮、桂圆、葡萄干等甜味的食物和进用乌饭树汁泡好的糯米中，一起进屉笼蒸。夏天有种应景吃法，把蒸熟的八宝饭放在冰箱冷藏，吃的时候倒入凉水，沁凉的冰水让甜味更加爽口，暑气也解得很彻底。

垂面，顾名思义，是垂出来的。发酵好的面团搓成细条后，缠绕在一对长圆竹棍上，再把其中一根挂上支架。细面因为重力缘故，被另一根竹棍往下扯得越来越长、越来越细，合格的垂面细如发丝，垂若杨柳，在风中摇曳出婀娜的身姿。摄影／吴辉明

糕水发成的老馒头更有嚼劲，不管馏几遍，都能保持原味。白水洋这家馒头店开了几十年，在老顾客口中，这是属于小时候的味道。

最大限度地发挥姜汁的食补功效，并降低它的副作用。

临海人的饮食不仅特别注重岁时，许多食物还有着代代传承的文化内涵，当你在品尝它们的时候，心中不禁会涌起感慨：临海，真是个有味道的城市！

行山：食在山地

在江南地区，大面积种植小麦且以面食为主的地方并不多见。初来临海，正值夏至，在临海的西北乡镇，我们却见到了成片泛黄待收的小麦；随后几日，又品尝了大石垂面、糕水馒头、板油糖、麦饼等花样繁多的面食。我的一个疑问也冒了出来：为什么小麦会在临海这样一个浙东沿海之地广泛种植呢？

汉代以来，有过几次大规模的北人南迁，小麦的南下大约也与此同步。唐末五代之时，福建已有种麦的明确记载，那么临海地区的小麦种植，应当也不会更晚。临海本地民俗专家叶泽诚先生认为，900 年前的宋室南渡，可能是促使临海大规模种植小麦的关键。作为当年临安城的畿辅之地，临海在风俗、文化上受宋室南渡的影响非常深远。《赤城新志·风土序》对此概括道："（临海）在瓯越万山中，而东薄于海，汉唐以前，犹号僻壤。至宋南渡，密迩邦畿，治化声教之所先被，大贤君子之所过化，于是风气亦随以变，而习俗之美，遂视昔倍蓰矣。"大批中原移民迁入临海，也把小麦种植技术以及面食的习惯带了过来。"临海本就兼山海之利，本地固有的生活习惯，与中原地区的移民文化

相碰撞，又经近千年的嬗变，遂形成了今日临海的饮食文化。

临海城区往西北二十多千米，便是与天台县毗邻的河头镇。河头镇原为大石区，本地的一种特产大石垂面，至今还延续着最传统的手工做法。垂面因制作中的悬垂工序而得名，历来是西北山里人的主食之一，尤其是各种宴席，更少不了垂面，有"无面不成席"之美誉。

秋冬季节，每逢晴朗的日子，家家户户的天台上都垂满了细如发丝、沾白如玉的垂面。大石垂面的材料虽不复杂，但做法却十分考验人的耐心和经验。最后的关键工序，是将两根面筷一拉，柔韧的面条就会被抻成丝线一般，再将其挂在天台上，以竹棍在其表面上来回轻扫，使面条进一步变细。晾晒中的面条一排排垂下来，如丝如缕，随风轻盈摇摆，望去如拨动的琴弦，演奏着丰稔与祥和的乐曲。

把垂面与它的最佳拍档萝卜丝同煮，再投入笋丝、香菇，是为萝卜丝汤垂面；若与姜汁同煮，则为姜汤面。但垂面的吃法并不拘于汤面一种。过去，以垂面为主料做成的垂面饭，是大石人待客的最高礼遇。逢年过节时，大石人走亲访友，也常用包袱皮裹上几斤垂面。如今，大石垂面早已走出了山区，成为整个临海饮食圈的一分子，甚至远销杭州、上海。

在相邻不远的白水洋镇，面粉则被制成了远近闻名的糕水馒头。走在镇上，随处可见"正宗糕水馒头"的招牌。这么多的馒头，本处居民自然是吃不掉的，它们大多数被送到了临海各地的餐桌上。有认准某家老字号的人，还专门开车几十里，就为了这口馒头。

糕水馒头的蒸制工艺和普通馒头并没有两样。其独特的地方在于发面所用的"糕水"。将山里一种名为"辣蓼"的植物熬成汁，与糯米粉、白酒、麦麸等按照比例混合、发酵，再经过滤而成的乳白色液体，便是糕水。用糕水发面做成的馒头，别有一番醇香，让人入口难忘。若将面坯内包入板油、红糖，蒸出的馒头则有另一个名字——板油糖馒头。一口下去，融化的红糖如油似蜜，甘甜无比，是小孩子的最爱。

临海的传统名吃中，还有一种从山区走出来的麦饼。麦饼其实就是馅饼，其做法简单，在面坯里夹上肉末、梅干菜、芝麻等做馅料，用擀面杖擀成薄饼，上锅用文火慢慢煎熟即成。过去，麦饼在山里算上等食物，只有过节或贵客来访才会做。我曾在《台州日报》见到一篇文章，作者离开临海多年，回到家乡后，想吃的第一口居然就是麦饼。一枚薄薄的麦饼，却是游子厚重的乡愁。

说到临海的山区，怎么能不提笋呢？古来论蔬食之美者，无过于笋。大美食家李渔在《闲情偶寄》中对笋推崇备至，称其"蔬食中第一品也，肥羊嫩豕，何足比肩"。临海多山，其境内有三大山脉——括苍山脉、大雷山脉、湫水山余脉，皆从西北的仙居、天台入境，绵延百里。山上竹木蓊郁，每到冬春季节，山民们便荷镵负锄，进山挖笋。

临海本地菜肴中，笋是一味主要食材。可与肉同烧，如春笋咸肉煲，春笋脆嫩，咸肉咸香，相得益彰。可与菌类同烧，如冬笋炒蘑菇，鲜上加鲜，令人难忘。春笋中又有一种雷笋，肉质甘甜，适合做油焖笋。临海的各种特色小吃里，笋的地位也是不可撼动

的。笋切小粒，是做糟羹、笋饼、扁食、小馄饨的馅料精华；笋切细丝，麦油脂、烫面干、姜汤面、垂面饭里不可少此一味。除此之外，笋又可制成笋干、酸笋……临海人用自己的智慧，把这"蔬食中第一品"做到了极致。

"吾邑山川峭厉，百姓务本力农，以资自足。"（《台州府志》）大山以广博的胸怀和自给自足的物产，养育了一代代百姓，也影响了整个临海的饮食风貌。

寻海：海之风味

临海既以海为名，其饮食文化中海洋因素的存在，自然是题中之义。

临海的海岸线长二百余千米，其海域面积近两千平方千米，有大小岛屿 86 个。著名的东矶渔场水产丰富，是名副其实的"海上粮仓"，提供了黄鱼、梅童鱼、鳓鱼、带鱼、鲳鱼、石斑鱼、鳗鱼、墨鱼及对虾、梭子蟹、青蟹等数十种海产。海洋慷慨的馈赠，为临海人的餐桌提供了丰富的食材，也为饮食习惯的形成打下了深深的海洋烙印。

每到捕捞季节，渔民们追逐着渔汛，驾驶小船前往近海，或朝发夕回，或隔日往返。晚清王克恭的《鲞经》对此曾有生动的描述："当暮春时，浪逐桃花，风摇蒲叶。水族万千，乘时变化，莫不随波逐队，接尾衔头。倏忽浮沉，相摩相荡。呴湿濡沫，相忘江湖。所以渔人舟子，引类呼朋，设天网以絯之，顿八纮以掩之。帆樯云集，灯火星驰，望涛引决，路忘远近，时昧晓夜矣。"但实际上，出海的营生并不总是如此富有诗

对于热爱烹饪的人而言，菜市场是天堂。临海兼山海之利，菜市场的内容也格外丰富，除了鲜活水灵的生鲜，加工过的食材也色泽饱满、香气撩人。到一个城市，一定要寻一处菜市场逛逛，那里才是这座城市最真实的底色。

"讨小海"这个词源自"种田讨海"的生产经营模式。赶海人因为可耕田地太少，只能去浅海滩涂上捕捉贝类、望潮、跳跳鱼等海产品，作为额外的经济收入。讨小海曾经是为了讨生活，现在则是讨味道。摄影 / 蔡文斌

意。风吹日晒、劳心费力且不论，每一趟的收获也并不固定，运气好的话会满载而归，若差点儿运气，也有可能所获无几。每次出海之前，渔民都会虔诚地向神祇祈祷。桃渚一带，供奉的是白鹤崇和大帝，庙中常年不断的香火，寄寓了人们对丰收的向往，对平安的祈愿。

这种近海的捕捞，船轻网小，作业者通常只兄弟或夫妻两人。因往返便利，所得海货也极其新鲜。当其归时，船舱中的鱼虾活蹦乱跳，甫一到岸，便被等候在此的客商抢购一空。这就是临海人特别中意的小网海鲜，又称小海鲜。每到夜晚来临，人民路、水云北路等处的大排档就热闹起来，食客们三五成群地聚集于此，为的就是品尝最鲜活的小海鲜。其做法不需复杂，或清蒸，或白灼，总之以尽量保持食材的本味为上。

近海的小海鲜，也是临海餐饮业的标杆"新荣记"餐厅的主打食材。专门负责食材选购的程金元，江湖人称阿元师傅，多年的从业经验，让他练就了一双火眼金睛，讲起小海鲜来，话语间更是充满了自豪。"为什

讨小海中常能捕到一种学名叫短蛸的小型八爪鱼，它在浙江有个更诗意的名字叫"望潮"，因为每到潮汛来时，雄望潮会上下摇动触手，望潮起舞。这种小章鱼肉质脆嫩弹牙，是东海渔民最拿得出手的看家菜之一。

么说我们临海的小海鲜好呢？因为水质不一样。整个东海，往北是长江入海口，海水的泥质较重；往南呢，海水的温度又太高，咸度也大。这两方面都对海鲜的肉质有影响。台州这里相对适中一点，小海鲜也就相对好吃一点"。阿元师傅的自豪不是没有道理的。就拿黄鱼来说吧，业内公认，天下黄鱼出台州，而台州黄鱼又以松门岛所产最佳，其肉质之香、嫩无与伦比——原因何在呢？《台州外书》对此一言以蔽之，曰："水性异也。"

临海的海岸线滩涂遍布，这里又是临海人"讨小海"的乐园。讨小海是本地方言。每当潮水褪去，滩涂的泥水里多的是各种贝壳类、八爪鱼、望潮、跳跳鱼等。每到此时，人们便结伴而至，一手拎网兜，一手持钩、耙，闲庭信步般，不存必得之想，每有所获，则开怀不已。讨小海，与其说讨的是收获，不如说讨的是种乐趣，是种心情。

有几种海产，为讨小海时所常见。清明前后，一种瓜子大小的螺正当时令，加一点姜片、食盐煮熟，其味咸鲜，吃了据说可以明目，因此又叫亮眼螺。鲁迅的散文《故乡》

古语有言："世上有三苦，撑船、打铁、磨豆腐"，在没有现代机器协助的情况下，做豆腐必须起早贪黑，三更睡五更起，工序繁复，却只能挣到糊口的钱。手工豆腐逐渐被更简易的操作方式取代，然而挑剔的老饕们还是喜欢正宗白水洋豆腐的口感，一定要是本地大豆、山溪水、石磨磨浆、盐卤点制和柴锅大灶。

里写的跳跳鱼，临海人叫做"燖乌"。其捕捉法是：以竹筒插入滩涂中，其口与地面平齐，望去好似一个个洞穴，燖乌敏捷善跳，遇到惊吓，便慌不择路，自投竹筒。因此临海有句俗语：好安稳勿安稳，燖乌钻竹滚。这句话意在告诫人不要自作聪明，草率行事，否则就会像燖乌那样，陷入尴尬境地。讨小海运气好的话，还会逮到一种小型的八爪鱼，俗名望潮。临海人吃望潮也很讲究，要轻轻揉搓或狠力摔打，直到其柔软的身躯变得硬弹，再开水灼过，入口甘脆鲜美，虽南面王不易也。

山海相交融

地兼山海之利，临海的饮食文化，自然就呈现出山海交融的一面。

从菜系的角度而论，因自古台州府城即在临海，现今的临海菜，总体上仍与台州菜为同一路数。除了小海鲜惯用清蒸、白灼外，其他海产却多家烧、红烧之法。个中缘由，与临海的厨帮出自山区或许有着莫大关联。

临海市烹饪协会的李胜利会长介绍，过去台州府的厨师绝大多数都来自临海的西北山区。原因也很简单：不管年岁丰稔与否，做厨师的总不至于饿肚子。而厨帮又极重师承，久而久之，这支山区的厨师大军，就一统整个台州地区的餐饮江湖了。相对于沿海，山区的饮食口味通常要重一些，对酱料的运用也更普遍。现今临海菜中盛行的海鲜红烧做法，即是食材与口味的山海交融。

拿一道最为典型的沙蒜豆面为例吧。这种极具临海特色的美食，其食材为产自海中的沙蒜（海葵）和来自山区的豆面（番薯粉条），做法则以猪油、黄酒、老抽、生抽等调味，经大火焖烧而成。沙蒜鲜中带香，豆面润滑爽口，汤汁浓郁鲜美，既可以作为主食，又可用来下饭，那滋味，用临海话来说，就是"味道盏得猛"（即味道相当好）了。

再譬如随便一家临海餐馆的菜单中都会有的白水洋豆腐。豆腐许多地方都在做，白水洋的豆腐因何别有名气？原因即在于，正宗的白水洋豆腐，一定是"六月熟"的本地大豆、山溪水、石磨磨浆、盐卤点制和柴锅大灶。这几样缺一不可，甚至连磨浆的石磨，其石料硬度都讲究不软不硬，常见的花岗岩是绝对不用的。正宗的白水洋豆腐，外观呈淡黄色，切开后也并不光滑，而是略带蜂窝状。真可谓小小豆腐，大有内涵。豆腐自然要以白水洋镇古法制成的才算正宗，但如果炖制的过程中，没有鱼鲞、虾干的提鲜加持，恐怕其味道也会失于寡淡。

与此类似的，还有一种有名的小吃——麦虾。小麦磨粉，制成粉浆，刮下锅后，其状如虾，故名麦虾。过去，麦虾是山里人的主食之一，其配料也比较简单，通常只是青菜、萝卜或南瓜藤脑（即南瓜藤尖，脑，当地方言，指植物的细嫩部分）。从山里传到沿海地区后，便入乡随俗，加入了鲜虾、蛤蜊等海产品，麦虾之号，也终于名副其实了。

民国《临海县志》记载本地物产曰："民以海渔山伐为业，果瓜蠃蛤，食物常足。"山海之间，孕育了临海独特的饮食风貌。临海人回报给这片土地的，则是山的厚重和海的灵动所造就的勤劳、质朴与通达。

临海岁食记

插画 / 林天意
设计 / 杨　恒

"岁食"，说的是时令与食物的关系。具体说来，又包含了两个层面的意涵。第一层，中国人讲究"不时不食"，对食材的烹制和享用，要应时令、按季节，这既是先民们对大自然无私馈赠的感应，又是对食材本性的体悟。"西塞山前白鹭飞，桃花流水鳜鱼肥"，"蒌蒿满地芦芽短，正是河豚欲上时"，什么时节吃什么食物，这同"日出而作，日落而息"一样，是天人合一的自然之道。第二层，饮食向来就和"礼"分不开。中国人重视节俗，借着与节俗相配的食物，敬天法祖、和睦宗族，这是传统文化的长久积淀，也是民族认同的心理投射。在特定日子里，品尝着同样的食物，即使远隔千山万水，心的距离也不会遥远。

临海向以风俗之美而闻名。此地本就"民俗日淳，古多秀民"，自宋室南渡以来，"王化密迩，风雅日奏，薰郁涵浸，遂为文物之邦"。（《赤城志·风土序》）今天的临海人，仍然沿袭着祖先的生活智慧，注重岁时，并以此来安排自己的饮食。春种、夏耘、秋收、冬藏，这是关于时间的故事，临海人的饮食之道，也早已内化在四季的更替中。

春·发陈

"仲春遘时雨，始雷发东隅。众蛰各潜骇，草木纵横舒。"仲春时节，几场春雨下过，各种草木忙不迭地舒展枝条，抽芽展叶。在田间地头，一种不起眼的野草也悄然萌发。它的名字，本地发音叫"青"，小小的叶片青翠可人，散发着一股清香。每到这时，涌泉镇泾西村的徐昌妹就挎起篮子，将它采回家中，用来制作一种名叫"灰青糕"的食品。

其实，早前灰青糕并不是春天做的。徐昌妹介绍，按临海旧时的风俗，每到七月十五中元节，本地人就会用稻秆灰过滤而成的碱水来浸米、磨浆，再蒸成米糕，因为呈灰青色，就被叫作灰青糕。但不知何时，人们把材料进行了改良，用菁草的汁水来代替碱水，制作时间也从初秋移到了仲春，但灰青糕的称呼却沿袭了下来。

制作灰青糕所用的米是本地产的杂交米。将米和水按照 1：6 的比例浸泡五六个

◎ 乌饭树

乌饭麻糍

◎ 红豆

◎ 糯米

灰青糕

青团

◎ 杂交米
◎ 白糖
◎ 菁草

◎ 糯米粉
◎ 绵青
◎ 咸菜

小时；菁草洗净、蒸熟，连同泡好的米一起进石磨，磨成浆，加入适量白糖，接下来，就是上蒸笼蒸制了。

蒸制的工序，是制作灰青糕的精髓。先在蒸笼底部铺一层纱布，水烧开后，舀起一勺米浆，均匀地浇在纱布上。多年的经验，已经让徐昌妹驾轻就熟，米浆不多不少，刚好铺满一层。蒸制七八分钟后，再于第一层上重复先前的动作，再次蒸制。如此叠加，通常有七八层之多。衡量灰青糕是否合格，有没有足够的层数、每一层是否厚薄如一是最主要的标准。

大约一个小时，灰青糕就做好了。热气腾腾的糕饼被倒出蒸笼，几根丝线经络分明，将其划成均匀的菱形小块。以菁汁制成的灰青糕，不复旧时的灰青色，而是呈翡翠一般的深绿。菁草性温，晾凉之后再吃口感更佳。拿一块在手掌里，颤颤巍巍，弹性十足；撕开一片放入口中，软糯、柔滑，米香、清香混合着甘甜，融化在唇齿间。总有性急的孩子不耐烦层层细品，大块大块地咬下，这时，主妇总是嗔骂几句，但眉眼间，已是挂上了春天般的笑意。

农耕时代，牛是临海人田间劳作的好帮手。明代临海的地理学家王士性在《广志绎》里说："其地止农与渔，眼不习上国之奢华，故其俗犹朴茂近古。"质朴的临海人，对耕牛一年到头的辛勤劳作感念在心。不知从何时起，民间就有了一个传说：每逢农历四月初八，天牛下凡，来帮助人们生产。于是，这一天就被定为了"牛生日"。每到这天，老百姓禁犁停耙，让牛休养生息，同时还用鸡蛋酒和乌饭麻糍来款待耕牛。

岁月更替，现今的临海，基本采用了机械化劳作，难以再见耕牛的踪迹了；但四月初八制作乌饭麻糍的风俗，却一代一代传了下来。

暮春时节，大大小小的山上，一种枝丫稀疏、叶子小巧玲珑的灌木，正在春光下肆意地绽出橘红色的嫩叶。这就是临海人再熟悉不过的乌饭树，它又有一个富于诗意的学名——南烛。此时，临海的主妇们就会三三两两地来到山间，采摘这种乌饭叶。采回来，放入水中浸泡一整夜，把碎叶滤掉，就得到了乌饭水。不要小看了这桶黄棕色的水，它可是制作乌饭麻糍的精髓所在。

乌饭水是用来浸泡糯米的。经过十几个小时的浸泡，糯米吸饱了水分，也变成了黄棕色。上蒸笼蒸熟，色泽进一步加深，成为真正的"乌饭"。接着放入石臼反复捶捣，直到变成黏韧的一团，一股脑抱到面板上，擀成厚约半厘米的饼状，再切成十厘米宽的长条。乌饭树抽枝展叶的时候，马尾松也正开花结穗，黄灿灿毛茸茸煞是可爱。主妇们顺手采上的几把松花粉，这时就派上了用场。先前做好的长条裹以熟豆沙，卷成筒状，在松花粉里打个滚，再切成一指长的小段，这就是临海人引以为傲的时令小吃——乌饭麻糍。捏起一只送入口中，软糯甜润，一股乌饭叶的清香久久地回味在唇齿间。

吃乌饭麻糍，还有着对健康的祈愿。《中国药典》记载，乌饭叶可"消灭三虫"，临海民间也有"吃了乌饭糕，蚊子不会咬"的谚语。守旧俗的人家，四月初八这天做好了乌饭麻糍，还要捏一点贴在儿童额头上，正如《竹枝词》里所说："乌饭麻糍嵌豆沙，卖来卖去卖人家。抓来贴在儿童额，免得蚊虫蚤虱爬。"

夏·蕃秀

春尽天长，转眼便是立夏。在临海，立夏可是个大日子。早年间，临海人管立夏叫"疰夏"。疰，音住，本义是发于夏令的季节性疾病。立夏过后，天气就渐转炎热，人们的食欲大受影响，身体也随之消瘦，尤其是儿童，多患"苦夏"。因此临海人隆重地过"疰夏"，有借此时令，通过一些特色饮食来寄寓平安之意。

俗谚有言：冬吃萝卜夏吃姜，不用医生开药方。临海人本就有一种食姜情结，立夏这天，不论男女老少，都要吃姜汁炖蛋。姜有除风邪寒热之功效，一碗下肚，发一身汗，神完气足。吃完了姜汁炖蛋，还要再来一枚茶叶蛋。立夏后，农事就繁忙起来，在过去，吃枚"立夏蛋"，有进补强身之意。此外，鸡蛋浑圆，也象征着生活圆满。本地老人讲：立夏吃了蛋，热天不疰夏。巧手的母亲，还要用丝线裹缠一枚，挂在小孩子胸前，以保佑百病不侵。

立夏，又是梅子正肥的时节。宋代浙江词人周邦彦的《满庭芳》，开头便道："风老莺雏，雨肥梅子，午阴嘉树清圆。"临海人于立夏这天，摘来青梅，蘸白糖而食之，可明目亮眼，因此又叫作"亮眼梅"。

姜汁炖蛋、茶叶蛋、亮眼梅，口味不一，各擅胜场。但要问临海人最喜爱的立夏食物是什么，答案大多还是：麦油脂。

麦油脂，又称食饼筒。这种食物在临海历史悠久，古人有首竹枝词，专道立夏吃麦油脂的风俗："食饼筒筒像卷箪，豆芽小菜炒麸筋；店家借根天平秤，称过儿郎重几斤？"

麦油脂的得名，或许与小麦的收获有关。浙东节气早，立夏时分，华北平原的小麦才刚开始泛黄，临海已经开始收割了。农耕时代，小麦丰收是件大事。新麦磨成面粉，制作各种食品，是祭祀上天、犒赏自己的一种仪式。

麦油脂的做法和春卷类似。先在平底锅（也叫"鏊盘"）上把面粉糊烙成极薄的饼皮，裹以肉丝、粉丝、豆芽、笋丝、木耳、鸡蛋等，卷成筒状，再放平底锅上油煎，直到饼皮变得焦黄，一股鲜香弥漫开来，就可出锅了。很多临海人在回忆童年的立夏时，印象最深的就是围在灶台边，等候妈妈煎制麦油脂。刚出锅的麦油脂，还滋滋冒着热气，垂涎欲滴的孩子顾不上烫手，早已大口吃了起来。

过去的年月里，春夏之交，正是上年的大米、番薯干吃完的"青黄不接"之际，此时小麦的丰收，让临海人过日子有了底气。所以，吃麦油脂，吃的是"小麦尝新"的喜悦，吃的是对收获的满足。家里有孩子的，还要在吃完麦油脂之后，给孩子称称体重。又是一年立夏时，孩子的身体也像小麦拔节一样茁壮成长。所谓生活的意义，不就在于此吗？

小麦成熟不久，临海的杨梅季就如约

夏

姜汁炖蛋

◎ 核桃

◎ 鸡蛋

◎ 姜

◎ 红糖

麦油脂

◎ 面粉
◎ 肉丝
◎ 时蔬

烊糕

青草糊

◎ 菁草
◎ 山粉
◎ 桂花糖

◎ 大米
◎ 白糖
◎ 红枣

而至了。

"五月杨梅已满林，初疑一颗值千金。"作为浙江省最大的杨梅生产基地县之一，临海的杨梅栽培面积达十一万亩，其中超万亩的镇就有三个，白水洋镇更是被授予"浙江杨梅之乡"的称号。

走在白水洋镇的山间，一片片山坡都被杨梅树覆盖，紫红的杨梅缀满枝头，放眼望去，红翠掩映，真如宋人所形容的"红实缀青枝，烂漫照前坞"。杨梅是种时令性非常强的水果，所谓杨梅季，大概也就持续二十多天的时间。除了直接吃和泡杨梅酒，临海人还喜欢一种吃法——制作杨梅羹。

紫阳街上的名店"何记私房菜"，老板是中国特级烹饪大师王林平。他最大的乐趣就是琢磨做菜。杨梅羹在临海民间有着各种不同的版本，王林平一一试验，并加以改良，最终认定了一种材料搭配简单、味道却别具一格的做法。他的杨梅羹纯以新鲜杨梅、蜂蜜和鸡蛋清制成，入口酸甜，又有蜂蜜的回甘。颜色上也煞是养眼，杨梅的深红和蛋清的雪白相交映，老远就能闻到一股果香，真可谓色香味俱全。大热的天来上一碗，爽口解腻，暑气顿消。

炎热的夏季，临海人还有一种解暑妙品——青草糊。

漫步在临海的大街小巷，路边常常传来本地方言的叫卖声。作为外地人，我乍听以为是"炒乌冬"，循声过去细瞧，却原来是传说中的青草糊——也就是小贩嘴里的"草糊冻"。

没有人知道青草糊是什么时候在临海及其周边一带流行开来的。民国时期的县志里就有了青草糊的记载："青草糊，菁草加水煎煮，取汁冷凝后成糊状，吃时加桂花糖，清凉解渴。"这里的"青草"，实际上是当地的一种藤状植物，乡间的地坎、岩壁上，俯拾皆是，采来晒干，行话叫作"草糊草"。将其洗净，便是制作青草糊最主要的原料了。

做青草糊的步骤其实并不复杂，煎草、过滤，再加山粉使之凝固即可，复杂的是每个步骤的细节和倾注的耐心。

草糊草放入大锅，加水，压上一块石头以防扑锅。水和草的比例没有明确的数字，但每个做青草糊的人，心里都有一把经验的尺子。煎草要大火，经过数小时的熬制，草里的胶质全部与水融为一体，这样做出来的青草糊才地道够味。判断是否熬好有个土办法：用干草打个圈，浸在汤汁中提起，若圈里的水膜不破，就可停火了。

煎好的草汁冷却后，还要过滤一遍，确保其中不含杂质。另起一锅，再次煮沸后，投入适量山粉助其凝固。山粉用多用少大有讲究，稠了影响口感，稀了又凝不成冻。加入山粉之后的草汁更加黏稠，这时要不停搅拌，伴着"咕嘟咕嘟"的气泡声，微微带有药气的清香就弥漫开来。

放凉、凝固后的草糊，黑黝黝、亮晶晶，透着一股弹性。临海人都熟悉这样一个画面：摊主手握一把圆扁的勺子，从盆里舀一勺草糊到小杯子里，打散，撒上桂花糖，淋上一圈蜂蜜，最后倒上冰镇的凉白开，一杯正宗的临海青草糊就做好了。爱吃凉的人，还要特意嘱咐摊主滴上几滴薄荷汁。

炎炎夏日，喝完一杯青草糊，全身顿时浸入一片清凉世界，甚至连呼出的气都带着一股凉凉的清甜。

秋·容平

金风渐起，转眼便到了中秋。

中秋佳节，全家团圆，一起赏月、吃月饼，临海也不例外。傍晚时，一家人围席而坐，有条件的人家，要设九碗菜肴，其中有一碗必是鸭煨芋。点香焚烛，敬拜祖先，而后开席。罢席后，再切食月饼（临海又称"糖霜饼"）。临海人重团圆。早前，到了中秋节这天，在外的人但凡有可能，都要赶回去和全家团聚。即使有人在外回不来，也要把他这块月饼留着，直到月底，以示团圆之意。

临海的中秋节，又和别处有所不同。

中国人过中秋，赏的是"八月十五月儿圆"，但临海偏偏要过八月十六。为什么比别处推迟一天呢？老临海人有这么几种说法。一种说法是与本地对"白鹤崇和大帝"赵炳的祭祀有关。临海人特别崇敬白鹤大帝，直至今日，临海境内还遍布白鹤庙。而八月十六祭祀白鹤大帝，是自古以来的习俗，不知从何时起，这个习俗就与中秋节合二为一了。另一种说法是，当年戚继光率军于中秋之夜抗击倭寇，大获全胜，待打扫完战场，已是次日清晨了。于是八月十六这天，军民同庆抗倭胜利，并补过中秋节，后来就相沿成俗。

临海的中秋节，除了月饼外，还有一种食物似乎更能代表本地特色，那就是糕囵。糕囵的材料极简单，只需糯米粉和红糖两味。先用热水调和糯米粉成松软的状态，将其放入蒸笼，一层粉，一层红糖，如此交叠，直到与笼沿平齐，再用菜刀均匀地划成数十块，盖上湿炊巾，大火蒸制15分钟，一笼白花花香喷喷的糕囵就做成了。中秋之夜的宴席上，糕囵就是唯一的主食，一家人围坐一起，分而食之，其乐也融融，其情也泄泄。

临海的西部山区出产番薯，乡民便因地制宜，用番薯粉混合糯米粉，加上红糖来制作番薯糕囵，又叫作庆糕或番薯庆糕。做法和糕囵大致相同，只是最上层还要撒上炒熟的黑芝麻和桂花，因此，也更多了几分香甜。

中秋过后，便是重阳。此时枫红菊黄，秋高气爽，正是登高的大好时机。早在南北朝时，宗懔的《荆楚岁时记》里就记载了九月九日"登高饮酒，佩茱萸"的习俗。临海人对重阳佳节也相当重视，民国《临海县志》载："重阳登高，饮茱萸酒，以米糕相馈，谓之'重阳糕'。"

临海人做事喜欢取个彩头。重阳节这天吃重阳糕，"糕"取"高"的谐音，既与登高的习俗相合，又寓意人寿年丰，步步登高。

家庭一般不做重阳糕。每到这天，商贩会推着卖重阳糕的车子，插满小彩旗，沿街叫卖。其做法与糕囵相近，而略为复杂。糯米粉一层，红糖一层，加至九层，粉五糖四。蒸熟之后，在最上的粉层中嵌入预先蒸熟的板栗，再刷上一层薄薄的红糖浆即可。吃的时候，用刀划成小块，其口感

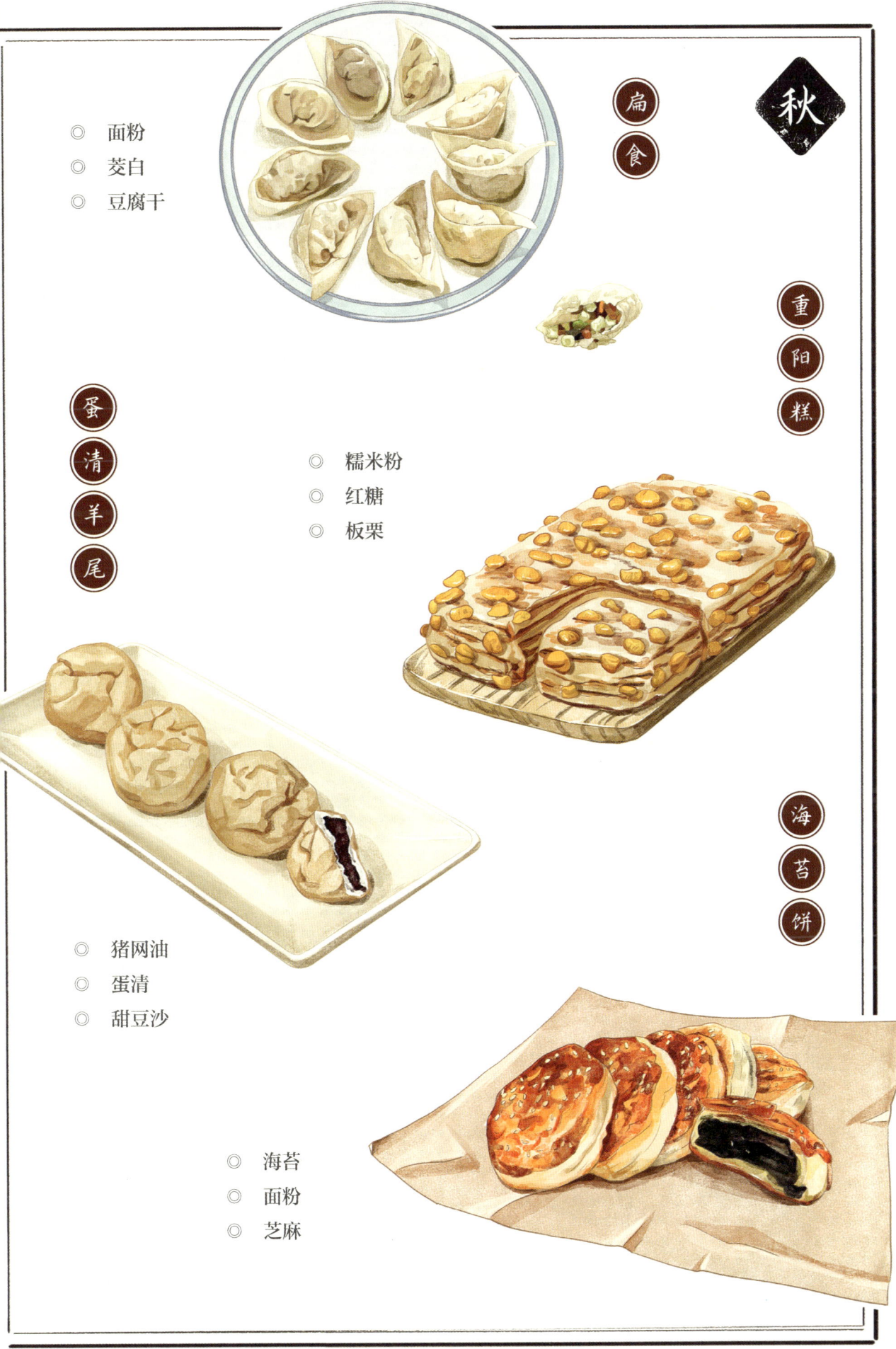

秋

扁食

◎ 面粉
◎ 茭白
◎ 豆腐干

重阳糕

◎ 糯米粉
◎ 红糖
◎ 板栗

蛋清羊尾

◎ 猪网油
◎ 蛋清
◎ 甜豆沙

海苔饼

◎ 海苔
◎ 面粉
◎ 芝麻

软糯香甜，既可作为主食，又可当作小吃消遣。商贩的一笼重阳糕足有二十千克，但往往一条街还没走完，就已经分销殆尽。家家户户闻声而至，连同彩旗一起买回，邻人相逢欢笑，喜气洋洋，成为临海街头一道独特的风景。

秋意渐浓，天气转寒，同时也到了制作蛋清羊尾的大好时节。

临海光叫得出名号的小吃，少说也有一百多种。但要说出了临海，仍具有广泛知名度的，就只有一种——蛋清羊尾。早在20世纪70年代，商业部组织编写《中国菜谱》，蛋清羊尾便是台州地区唯一入选者。

蛋清羊尾这个名字很容易让人误会。来临海游玩的人，常常"望名生义"，以为真的与羊尾有关。实际上，蛋清说的是制作的主要原材料；羊尾呢，则是描述这种小吃的形状。它原是临海人在清朝时发明的，一度只在高档饭馆里出现，如聚丰园、太白祥、安乐天、同春园等。后来逐渐流入了民间，成为深受大众喜爱并能代表临海特色的一道名点。

为什么蛋清羊尾要在温度较低的时候制作呢？因为它的技艺关键在于手工搅打蛋清。为了观摩这一绝活儿，我们特意请特级烹饪大师王林平为我们展示。30年前，王林平正是凭着一道蛋清羊尾，在台州地区的烹饪大赛中斩获了金奖。

如今王林平的徒弟们早已独当一面，他自己也退居二线多年。只见他将十余枚土鸡蛋去掉蛋黄，只留蛋清，在盆中用筷子迅速搅打。"打蛋清看起来简单，实际上有学问。要朝着一个方向，手不能停，直到蛋清充分起泡，最后打成纯白色。其标准，就是插上一根筷子也不倒。"大约15分钟后，王大师放下盆，顺手将筷子插在蛋清上，果然屹立不倒。"天热的时候，蛋清很难打得凝固，所以这道小吃一般在天冷的时候做。"

正宗的蛋清羊尾一定要用猪网油，也就是猪的肠系膜。上好的猪网油，色泽洁白，无破损、无异味。"今天运气还不错。买猪网油一定要赶早儿，去晚了就没有了。"猪网油的用途是裹住甜豆沙，再到打好的蛋清里滚一下，蛋清一定要沾得均匀，用筷子夹出时，利用惯性拖一条小尾巴，这样才是名副其实的"羊尾"。

"羊尾"放入沸腾的油锅中，顿时膨胀，确像一条条肥硕的绵羊尾巴。翻几个身，让它充分"发"起，待色泽微微变黄，便可捞出装盘，再撒上一层白砂糖，就大功告成了。地道的临海蛋清羊尾，油而不腻、绵软甜香、色泽嫩黄、形态逗人，真乃小吃之妙品。王大师还特意嘱咐，蛋清羊尾一定要现做、现炸、现吃。

有趣的是，东北地区也有一道甜点，叫做雪绵豆沙，其制作工艺、原材料和口感与蛋清羊尾非常相似。到底是南传北，还是北传南？近年来，网友们因为这个可没少费口舌。在叶泽诚看来，"临海的蛋清羊尾与东北的雪绵豆沙，是同一种食品的不同名称，也是各自平行、独立发展饮食文化的结果。不存在源流问题，这正是暗合之妙了，这种暗合现象，在小吃、菜肴中并不罕见。"

漫步临海街头，"蛋清羊尾"的招牌随处可见。据说甜品最能给人带来幸福感，我不禁感慨，临海人的幸福指数一定很高。

冬·闭藏

进入腊月，年味越来越浓。重视节俗的临海人对一年之中最重要的节日——春节，又怎么会等闲视之呢？

吃过了腊八粥，各家各户就开始准备年货。每家的年货清单可能各式各样，丰俭不一，但几样糕点却是不可缺少的。过去，老字号同受和的糕点最受临海城居民的喜爱，如今同受和已经不复当年景象，取代其糕点界"扛把子"地位的，是塘头路上的临飞糕饼店。店主冯临飞是临海传统糕点手艺的传承人，据她介绍，临近年关时，几乎半个临海城都来店里购买糕点，而最受欢迎的几种点心中，有一种名为"羊脚蹄"。

蛋清羊尾不是羊尾巴，羊脚蹄也不是羊的脚蹄。起名"羊脚蹄"，是取其形似。它的做法很简单：把发酵过的甜面粉加上油酥，揉好、醒透，做成四周圆、底面平、上面分为四瓣的羊蹄形状，撒上芝麻，烘烤而成。其味香甜松脆，老少咸宜。从前，过年时吃上羊脚蹄，是很多孩子盼望已久的事。如今条件好了，各种吃食应有尽有，但羊脚蹄这种略显朴素的点心，仍受到临海人的青睐。

羊脚蹄的诞生与一个传说有关。相传唐初台州刺史尉迟缭率领军民修筑台州府城，城墙屡建屡塌，无计可施。一日天降大雪，满山皆白，只见一头梅花鹿从天而降，沿山脊疾奔远去，消失在丛林中。尉迟缭大感惊奇，认为是上天帮助，遂命士兵沿鹿的足迹造城，果然再不塌陷。人们及时用面粉拓下了蹄印，焚香叩拜，并由此诞生了一种面点。或许是梅花鹿并不常见，流传中，鹿脚蹄变成了羊脚蹄，并一直为临海人喜爱至今。

正月里，临海人还有一种常备常吃的主食——水浸糕。

水浸糕其实就是年糕。旧历年底，家家户户以晚稻米磨粉、蒸熟，捣制年糕。为了便于存放，便浸到水缸里，加白矾贮藏。浸泡的水，一定要用"冬水"，即年初便已储藏下的立春前的水，否则时间长了，年糕就要变质。水浸糕以多为荣，富足的人家，常大缸小缸满满当当，吃到三、四月还有剩余。

旧时的临海妇女，有正月初八"走八寺"的风俗，以此来祈福求平安。八寺，即散布于台州府城各处的八座寺庙。一天之内走完八寺并不是件轻松的事，妇女们因忙于赶路，无暇吃饭，便自带干粮充饥。有句顺口溜专道此风俗："娘姨表嫂，城隍数格道，水浸糕脸夹冷咬，番薯金爪啜肚饱。"番薯金爪，即番薯切细条后氽熟、晒干，再和铁砂炒至松脆。而"脸"在临海方言里有"片、张"的意思，"水浸糕脸"，就是水浸糕切成片。

按照中国人的风俗，过完元宵节，这年味才逐渐散去，因此元宵节既是旧的一年完满的终结，又是新的一年崭新的开始。

冬

糟
羹

◎ 豬肉

◎ 豆面

◎ 芥菜

◎ 冬笋

擂
圆

◎ 糯米粉
◎ 黄豆粉
◎ 红糖

羊
脚
蹄

◎ 甜面粉
◎ 油酥
◎ 芝麻

临海的元宵节也有自己的特色，有《竹枝词》为证："别府十五我十四，临海元宵真别致。家家糟羹门前喝，苦在前头福有余。"

正月十四过元宵节，并非因为临海人特立独行，而是有着特定的缘由。据《临海县志》记载，明末方国珍占据台州与朱元璋对峙，为防止敌人趁过节来袭，便把元宵节改为了正月十四。也有说是戚继光在临海抗击倭寇时，因作战机密被泄露，而将计就计把元宵节提前一日。两种说法孰是孰非，现已无从查考，但临海人正月十四过元宵节的风俗，却是一代一代传了下来。

糟羹是临海人元宵节这天的专属食物。糟羹之由来，也有一个故事：当年戚继光（一说尉迟缭）于严冬之时率领军民修筑城墙，天寒地冻，筑墙军民饥寒交加，工程进度十分缓慢。府城的老百姓纷纷捐献大米、酒菜，前来慰劳。为图方便，便用大锅将酒糟烧开，下入豆面，再把各家各户的菜肴放入，煮成糊状，称为"糟羹"。士兵和民工们喝了糟羹后，浑身发热，气力倍增，筑墙的速度大大加快，在预定工期之前完成了任务。糟羹的制作本是无心之举，却因其独特的口味被临海人所接受，成为最具地方特色的食物之一。世间万物的遇合，往往就是如此巧妙。

现今的糟羹，自然比故事中的权宜做法更加讲究，口感也更加鲜美。糟羹的原材料多至十余种，甚至可以无限量地再增加，但其中有一些是固定不变的——咸肉、冬笋、香干、油泡、香菇、荸荠等。沿海一带还会增加几味海货，正所谓"正月十四是元宵，家家糟羹蛤蜊调"。制作时，先将所有原材料都细切成末，放入锅中炒熟，加水烧开，倒入米粉浆，再加适量黄酒、盐、糖等调料，不停搅动，直至沸腾冒泡即可出锅。糟羹烹制的关键在于搅，因此做糟羹又被称为"搅羹"。据说元宵节这天，临海人见面打招呼的方式都是"你家搅羹了吗？"

咸羹之外，又有甜羹。其制作程序和咸羹类似，只不过原材料换成了年糕、橘脯、红枣、葡萄干、小汤圆等。又有咸，又有甜，这肚皮能盛得下吗？临海人早就做好了安排：正月十四吃咸羹，正月十五吃甜羹。先咸后甜，其寓意，正是生活苦尽甘来，越过越好。

岁月不居，周而复始。一年年的时光流转中，变的是日益丰富的物质条件，不变的，则是那应节顺时的生存之道，和对故乡滋味的眷恋与温情。

小食材，大讲究
——临海人的食姜情结

葱姜蒜，中国人厨房里的佐料"三剑客"。但临海人愣是凭着一股子对姜的热爱，把这种佐料给吃成了食材。就连临海的菜市场都和别处不大一样。一年四季，不管什么时候走进去，空气中总弥漫着一股浓重而略带辛辣的香气。放眼望去，几乎每个菜摊上都整齐摆放着一溜儿矿泉水瓶子，里面的液体澄黄、浓稠，外地人可能会误认作某种果汁。越靠近，这股香气就越浓郁，直到看到榨汁机旁的满地渣滓，才恍然大悟——原来，这就是临海赫赫有名的姜汁啊！

也正是那一刻，我开始认真体味临海人的这份食姜情结。

中国人食姜有着悠久的历史。早在先秦时期，贵族的饮食里，每餐就必有生姜。孔子是对饮食特别讲究的人，《论语·乡党篇》记载了他的一句话："不撤姜食，不多食。"为什么"不撤"？朱熹的解释是："姜，通神明，去秽恶，故不撤。"孔子又是信奉中庸之道的，所谓"过犹不及"，食姜也是这样。尽管我们不知道，"不多食"是否是他老人家亲身体验过的教训，但两千年后，李时珍在《本草纲目》里明明白白道出了"多食"的副作用——"积热患目，伤心气"。

说到这，不禁为钟爱食姜的临海人暗暗捏了把汗。其实，要是了解了本地人的食姜之道，《八月骄阳》里顾止庵的那句话就派上用场了——"您多余操这份儿心"。

一味姜食，最是暖老温贫

临海的饮食文化里，姜汁类似鸡尾酒里的基酒，需要多种食材来与之调和。这些食材的脾性，以及临海人特有的烹饪方式，会最大限度地发挥姜汁的食补功效，并降低它的副作用。

与姜有关的临海美食，最有名的当属姜汁炖蛋了，本地人也称之为姜汁调蛋。常见的做法，是用土鸡蛋打成蛋液，加入适量姜汁，以及临海特产的"灵江山"黄酒（俗称老酒），再加红糖、水，搅拌均匀后，在表面撒一层剁碎的核桃肉，隔水炖或入蒸笼里蒸 15 分钟即可。出锅后，姜汁的辛辣在高温的溽蒸下已经变得温和；又融合了红糖的甘甜、核桃的香脆、鸡蛋的软滑、黄酒的醇厚，舀一勺

临海依山傍海，湿气较重，姜汁炖蛋可以去寒暖胃，滋补强身。长久以来，一直受到临海人的青睐。对很多临海游子来说，家人做的姜汁炖蛋，是出门在外时常想念的"家"的味道。

摄影／图虫创意

备好生姜、鸡蛋、猪肉、核桃、黄酒等原材料，先用石磨磨出姜汁，过滤两次，让口感更细腻。姜汁用大火煮开后，撇去浮沫，放至室温。根据个人口味，在碗中先放入适量肉沫、核桃、陈皮等，再加入鸡蛋液和温姜汁，搅拌均匀后入锅，中火隔水炖一刻钟左右。最后出锅时撒上红糖和芝麻，大名鼎鼎的姜汁炖蛋就完成了！供图／三台一方放入口中，对味蕾绝对是个华丽的刺激。

临海依山傍海，湿气较重，而姜汁炖蛋可以去寒暖胃，滋补强身，长久以来，一直受到临海人的青睐。外地客人若来临海，主人的宴席上，也必定会点姜汁炖蛋。临海的主妇，人人都有一手姜汁炖蛋的绝活儿，各种材料如何配比，则完全看个人的口味。俗话说"不到长城非好汉"，本地人则说："没吃过姜汁炖蛋，不算到过临海。"

一碗下肚，额头上亮起一层细细的汗珠，那滋味，真叫一个爽快。

和浙江大部分地方一样，临海冬天的气温虽然很少低于零度，但那股湿冷，还是让人不太自在。过去条件不太好的时候，遇着特冷的天气，临海人喜欢做上一锅姜汤面，既填饱肚子，又发汗御寒。呼噜噜一碗下肚，棉衣都要穿不住，又何冷之有？与临海的朋友闲谈，聊起姜汤面，他仍旧充满了感慨："感觉小时候的冬天啊，全靠一碗姜汤面，吊着一口仙气！"

关于姜汤面的起源，本地人都说是早年间为伺候月子而诞生的。产妇生产后虚弱多寒气，常吃姜汤面，有助于身体康复。民俗学家叶泽诚老先生说："按临海的习惯，这姜汤面本是产妇在月子里必吃的食物，每天都要吃一碗。大概是因为好吃，慢慢地就普及开来，成为家家户户喜爱的食品，代代相传，渐成风俗。"

走在临海的大街小巷，抬眼便能看见"姜汤面"的招牌。临海本地的论坛上，常有"姜汤面哪家最地道"的调查，但总也难有一家能服众口，一统江湖。大约每个人的口味都不相同，或者临海做姜汤面"地道"的店太多了吧！

姜汤面自然要用姜汤。省力的话，可以从菜市场买瓶榨好的姜汁，直接加入开水中做汤，再下入面条、加上佐料就可以了。但在讲究的老临海那里，这姜汤却马虎不得：要选陈年老姜，切片晾干；水烧热，放入姜片，再加适量黄酒，小火熬煮数小时而成。那股独特的醇香，是姜汁替代不了的。

过去，姜汤面的配料比较简单，不外乎青菜、笋丝、豆腐皮之类。近年来，人们的口味越来越挑剔，姜汤面的配料也随之丰富起来，香菇、黄花菜、蛤蜊、干贝、虾……到店里点一份"顶配"的姜汤面，端上来简直就像一个小"佛跳墙"。但配料再多也不会喧宾夺主，姜汤面的灵魂，不论何时，都在于那一味打底的姜汤。

还有一种名为姜米泡饭的食品，也在临海人的记忆里挥之不去。本地生产籼米，刚打下来的籼米洗净，拌进适量的新鲜姜片，密封焖制数小时，然后入炒锅，小火不停翻炒，直到姜片干透、籼米微微发黄。盛出晾凉后，连同姜片放入甏、缸里保存。想吃的时候，随时舀出一碗，可煮粥，也可直接开水冲泡。

炒米可谓普通至极，但在文人的笔下，一碗冒着热气的炒米，却寄寓着几分人间温情。郑板桥有段描述："天寒冰冻时暮，穷亲戚朋友到门，先泡一大碗炒米送手中，佐以酱姜一小碟，最是暖老温贫之具。"在物质匮乏的时代，临海的孩子放学回到家，先来一碗姜米泡饭，热热地喝下，抹一把汗，再跑出去和小伙伴会合。多少年后，那傍晚炊烟中的一丝焦香，仍是脑海里最难忘的回忆。

甜中带辣，人生真正的滋味

漫步在临海市区的紫阳老街，但见坊区周正、建筑古朴，依稀尚存昔日的气象。

街巷两旁，特色小吃、零食的招牌琳琅满目，要是整条街逛下来会发现，出镜率最高的一种，非姜糖莫属。或许姜汁炖蛋、姜汤面和姜米泡饭毕竟属于饭食，总要端起碗筷，少了那么点儿随性，临海人又把姜汁做成了姜糖，闲谈也好，做活也好，时不时往嘴里丢一块，既生津提神，又养胃健脾。外地人来临海游玩，若想带点土特产，本地人的建议大多也有姜糖。

临海的姜糖到底有多少年的历史，谁也说不清楚。但本地朋友告知，紫阳老街所售卖的姜糖，大多出自"西门糖店"，而这家糖店，已经有百年的历史了。

热情健谈的店主周保卫，是这门手艺的第四代传人。据他说，父亲周昌华从小双目失明，完全靠口传心授掌握了姜糖的制作工艺，并以此养活了一家人。如今，老人已经退居二线，制作姜糖的重任，主要就由周保卫和二十岁的儿子周文广来承担了。

制作临海姜糖，必须用本地的老姜，个头虽小，但姜味浓郁。多年以来，西门糖店所用的姜一直为尤溪镇所产，每年收获后，鲜姜运入山洞，存放两年，方成老姜。洗净、去皮、榨成姜汁，按照一定的比例加水、白糖、麦芽糖，入大锅熬煮。熬煮时，火候是关键——熬得太嫩，做出来的姜糖容易化掉，且粘牙；熬得太老，又会粘锅、糊掉。判断糖汁是否熬好，只能靠口尝。直到今天，每到熬糖时，周昌华还是要亲自尝过才能放心。

待糖汁从澄黄变成巧克力色，便撒上炒熟的黑芝麻，准备出锅。熬好的糖汁，水分已经蒸发殆尽，呈高度黏稠状，称为"糖引"。要趁热倒出，接下来，就是最考验技术的环节——扯糖。二十多斤的糖引搭在廊柱的楔子上，上下回环，像抻面一样不停拉扯。做姜糖的人，都有一双"铁砂掌"。刚出锅的糖引温度在80℃以上，为了保证对质感的感知，扯糖时不能戴手套，久而久之，手皮就已烫死，即便盛夏也不出汗。扯糖的工作大约持续二十分钟。这二十分钟，直接影响着姜糖的口感是否纯粹，没有个三五年的历练，是做不来的。

扯好的糖引将硬未硬，这时就要抓紧时间进行剪糖。气温低的时候，为了防止糖引迅速固化，还要在一旁用烤灯加温。只见偌大一团糖引在周保卫的巧手里，伴着之前扯出的花头，被揉搓、拉伸成棱锥型的长条。这段工序是高度紧张的，只听剪刀咔咔作响，每一剪下去，落下来的糖块都大小如一，看上去像一粒粒微型的小粽子。拉一段，剪一段，不多时，二十多斤的糖引已经像变魔术似的成了满桌子的糖块。这就是最传统的临海开花姜糖了。

品尝着周保卫刚做好的姜糖，我也将一直存在心里的疑问说了出来——手工制糖毕竟费时费力，有没有想过进行机器生产？周师傅回答说，经他品尝，机器做出来的姜糖，口味和手工的根本没法比。"我给自己的定位就是手艺人。不是不讲革新，但你得往更好了改，如果单纯效率上去了，味道却不行了，那我还是宁可相信自己的手艺。"

西门糖店的糖点很齐全，除了姜糖，还有江浙地区普遍流行的梨膏糖、薄荷糖、芝麻糖、牛皮糖、黄豆糖、柏糖等二十几种。什么时候踏进这家百年老店，都能享到一室甜蜜。

扯糖要趁热，熬好的糖引温度还在80℃以上的时候，迅速挂在廊柱的楔子上，如抻面般来回拉扯二十分钟左右。现在，西门糖店的扯糖工序主要交给二十岁的周文广，他在大学学的是拳击，这费心费力的工作正需要小周的一身气力。

从选姜、磨汁、熬糖到剪糖，西门糖店一家三代五口人分工合作，配合默契。生意好的时候，每天早上五点就要开始做糖。夏天的午后气温太高，全家人才能得空休息片刻，倚在店门口，享受西门老街上的宁静和悠闲。

鱼鲞传天下，
临海擅胜场

临海人爱吃鲞。过去，年关将近，家家户户的年货清单里，都少不了一味黄鱼鲞。院子里、窗台上，一条条黄鱼鲞齐整地挂起来，一眼望去，透着一股子丰足、热闹的年味儿。对临海人来说，黄鱼鲞承载的是本地饮食文化的记忆，以及难以割舍的乡愁。

美、鱼为"鲞"

鲞，这个字有点儿难读、难写。其实，它原本是写作"鮝"，音想，鲞是简化的写法。《吴地记》里有个故事：当年吴王阖闾率大军入海作战，遇到风浪，船在海上漂泊多日，粮食断绝。阖闾向海神祈祷，只见一大群金色的鱼游了过来，吴军就靠捕食这鱼渡过了难关。后来回到岸上，先前吃剩的鱼都已经成了鱼干，阖闾"索食之，甚美"，就拿起笔来，给它起了个上"美"下"鱼"的名字——鮝。

传说毕竟是传说，不足为据。鲞的发明权，应当归之于上古时期沿海的渔民。人们捕鱼归来，为了便于保存，常用腌制、晾干的方法进行处理，也就是《广韵》所说的：

"鲞，干鱼腊也。"但并不是所有的鱼都适合用来做鲞。浙东一带，常见的有鳗鲞、鮸鲞、鲥鲞等，这其中，最名贵的当属黄鱼鲞——也就是石首鱼鮝。

黄鱼，本名石首鱼。《本草纲目》记载："石首鱼生东海中，其形如白鱼，扁身，弱骨细鳞，黄色如金。首有白石二枚，莹洁如玉。"石首鱼肉细、味美，且有消食去积的功效，从前有条件的人家，经常用石首鱼鲞来配白米粥，既美味可口，又消食养胃。

石首鱼鲞因为这个功效，还促成了一本奇书的诞生。光绪年间，临海桃渚镇田头村有位退休的官员王克恭，因偶染疾病，医生嘱咐他一切荤腥辛辣之物，尽皆摒弃，"唯薄粥、淡鲞可食也"。结果家人从集市上买来的鲞，"皆苦涩咸硬不可口，非复昔时之甘滑香脆也"。王老先生在感慨"今不如昔"的同时，犯了轴脾气，居然花了数年的功夫，"缀少壮时之见闻，集渔师之众说"，洋洋洒洒地为石首鱼鲞写了一本奇书——《鲞经》。

"经者，常道也。"饮食一旦和文化相关联，便由"物"而进于"道"，因此唐代陆羽为茶写了《茶经》，宋代朱肱则为酒而著《酒经》。但茶和酒向来为饮食之大宗，区区一个"干鱼腊"，又因何以"经"名之？王克恭认为，鲞虽小物，却包含着大学问。从捕捉、制作到收藏、品鉴，每道工序都可以小见大，以技窥道。

"鲞曰台鲞，非台则赝"

临海人对鲞的钟爱是有道理的，因为自古以来，最好的鲞就出在台州府——早年间，贩鲞的客商其至有"鲞曰台鲞，非台则赝"的说法。作为府城所在地，在制鲞、食鲞上，临海人自然有足够的发言权。

一道美食，无非两个要素：一是食材地道，二是制作得法。有人认为，制作腌制类食品，对食材品质的要求似乎比鲜食要宽松一些，这实在是个误区。正宗的黄鱼鲞对食材要求的严格，甚或在鲜鱼之上。据《鲞经》介绍，临海制鲞所用的黄鱼，必以松门所产为佳；而制作时间，又必以立夏至三伏为上。

浙东沿海皆盛产黄鱼，但最适宜制鲞的黄鱼，则出在台州海域，尤其以松门岛周边所产最受推重。康熙《台州府志》记载："太平松门岛在海中，屿上生松。通小洋，产鱼，曝之为鲞，极为佳品。"《台州外书》也说："他处即有，不及松门之美，其水性异也。"松门岛的水性，有何异处呢？《鲞经》解释道："其岛外有悬海一山，名'积谷山'，形如谷堆，故名。中间有潭，即是'小洋'，深不可测。凡鱼饮过积谷山洋面之水者，即见佳妙。"如果了解古代的饮食文化，会发现古人对于味觉、嗅觉的敏感度远在今人之

上。晚明张岱的小品文《闵老子茶》，讲用来烹茶的惠泉水，是否新汲、是否经过运输都尝得出来；《红楼梦》里，众人在栊翠庵吃茶，林黛玉误将陈年的雪水认作雨水，竟招致了妙玉的嘲笑……照此看来，松门黄鱼独受青睐，必定是经过了一代代老饕的品鉴，绝非浪得虚名。

制黄鱼鲞，不仅要凭地利，更要看天时。黄鱼的捕捞季节，从初春一直绵延至秋末。按照不同的制作时间，鲞可分为三类——早夏、秋钓和伏鲞。早夏，指立夏之前所制；秋钓，指三伏之后所制；至于伏鲞，自然就是立夏到三伏之间所制了。本地人对正宗黄鱼鲞的要求，必得是"伏鲞"，如《台州外书》所说"鲞以三伏天内晒者为上"。

不要小看了这时节的差异，时节不同，鲞的口感相差巨大。如何辨别是否为伏鲞呢？作者已失考的《伏鲞记》说："早夏，未至夏者也，其鲞翅交不过头，味咸而韧，无香。过伏者为秋钓，鲞大而片甚薄，翅散而不交，食之无味，煮亦不烂。惟正在三伏内晒者，两翅相交过头，其鱼甚肥，脂多而色不变。味之甘淡，益人神气。"三伏居于四时之中，不生不灭，得气最盛。俗话说"不时不食"，临海人所钟爱的伏鲞，同样循时而作，顺应着古老而又神秘的时节更替之道。

鲞亦有道

三伏天制鲞，松门岛的黄鱼，天时、地利都有了，剩下的就是人和了——也就是制鲞人的技艺。

物

黄鱼肉细、味美，且有消食的功效。
黄鱼晒制成鲞，既是食材，也是鲜味
催化剂，作用类似火腿，无论炸炖炒
烧，还是搭配各种荤素食材，都能成
就不同风貌的美味。摄影 / 图虫创意

王克恭之所以把这本书起名为《鲞经》，很大程度上是因为制鲞之法中蕴含着"道"。技进于道，道藏于技。旧时临海，业鲞谋生的不下几千家，但真正精于制鲞之道的，不过数十人而已。这些人被称为"工师"或"高作"，需要提前一年预约，先付定金；到了制鲞之时，主人家要行礼如仪，将其隆重请来；每顿饭要备酒菜，并且亲自作陪，以示敬意。如此种种，既是对其精湛技艺的看重，更是"尊师重道"这一古训的传承。

制鲞之法，在于刀工。

《鲞经》之"刀法篇"，写工师奏刀的情态，真可与"庖丁解牛"相对读："其奏刀也，高作右手握刀、左手持鱼。……验鲜鳔之法：鲜则鱼直，鳔则鱼曲，曲则馁矣。欲鳔未鳔，方合时中，即便奏刀。"高明的工师制成的鲞坯，要不漏刀、不破腹、不碎头、放舌筋、剔胸骨、泄眼窝、全鱼鳃，这样晾晒出来的鲞干，才会外形饱满浑圆，达到上品的标准。

制鲞之法，又在于用盐。

选近海冬烧之盐，放入石臼中捣细，过筛。用盐的时候，由小工操作，工师在一旁指导，并不下手。据《鲞经》所记，用盐的诀窍在于"左手摊鱼片，右手撮盐花，外鳞内肉，从头至尾，轻摊重按，肉透骨酥"。用盐完毕，就把鲞坯叠放入瓷缸或大木桶中，顶上再撒盐封口，压以重石。一般三天左右，就可以取出了。

制鲞之法，还在于洗刷、晾晒。

腌制好的鲞坯，盐水淋漓，腥臭扑鼻，是绝不能直接晾晒的，一定要洗刷干净。"洗鲞水候，尤贵清流。若河水、塘水，均不中用。因鲞生咸水，盐以海盐，欲其除旧更新，非山水不可。"临海依山傍海，山上林木蓊郁，时有山泉淙淙而下，汇聚成溪，正是洗鲞的天赐之地。洗鲞之时，盛满山水的大桶一字排开，用竹丝做成的刷子用力刷洗，一桶洗混，再入别桶，重复约一个时辰，鲞坯已基本洗净，达到"鳞不沾肉，肉不沾鳞"的程度。这时，工师用拇指贴肉一试，便知咸淡。过咸则肉滑，过淡则肉硬，须得不咸不淡，才可晾晒。

晒鲞也有诀窍。三伏天骄阳似火，若无风雨，晾晒三天即成鲞干。晒鲞的最佳地点，莫过于采光良好、易于搬运的石滩、岩地了，至今临海外岙一带，还保留着"晒鲞岩"的地名。晒鲞宜用竹筛，取其透气。晾晒的时候，人也不能闲着，早晨太阳初升，先晒鲞背；日方过午，则晒鲞里；傍晚收鲞，不可使其着露水；晚间则于室内分摊摆放，不能重叠。三天过后，待鲞干凉透，就可入藏。到了此时，总算可以高枕无忧了吧？还差一道工序呢！半个月后，鲞干内部的湿气外蒸，这时，还要再取出晾晒一日，并且用晒干的白茅或稻草包好，地道的伏鲞才算真正做成了。

三伏过后，进入初秋，周边的客商便接踵而至了。常年贩鲞的人，一看、二嗅，鲞的品质怎样，也就了然于胸。临海所产的伏鲞，其"上上"者本地人反而很少有福消受，大多运到了苏州、杭州一带，作为礼尚往来的珍品；即便是"上中""中下"者，也比别处之鲞更胜一筹，不论是煲汤还是佐粥，抑或是与五花肉同炖，来一道"鱼鲞炖肉"，无不是临海人的心头爱。

应该感谢王克恭的《鲞经》，让我们知道，人们曾以这样的虔诚和细心，对待生兹在兹的这片水土的赐予。

大时代，小岁月：
临海农业"进化论"

撰文
朱若淼

临海坐山望海，三面环山，一面朝海，多山且人均耕地稀少的现实因素，铺垫了今天临海农业的底色。

1985 年，在中央 1 号文件取消了农产品统派统购制度后，台州市迅速启动了农业结构调整计划——降低粮食作物的种植比重，鼓励大规模种植经济作物，尤其强调对山地资源的开发。正是这项早期政策的红利，让临海有代表性的农产品——白水洋杨梅、上盘西兰花和涌泉蜜橘产业迅速发展了起来。

与此同时，位居长江三角洲城市群的台州也率先抓住了改革开放带来的无限机遇。进出口贸易市场为临海农人打开了国际视野，而浙江经济的快速增长为临海农产品提供了市场契机。

随着全国消费力进一步释放，市场的力量推动着临海农人不断调整种植、销售及经营模式。而商超零售行业的升级迭代，电商、物流的高速发展，让以临海杨梅、西兰花、蜜橘为代表的农副产品有了新的销售增长空间。短短 35 年内，临海农人通过勤勉与勇气演绎了一个个财富故事。

这些故事至今仍在临海的乡村里发生、延续，这也是浙江农业发展的缩影。

白水洋杨梅，一颗果子背后的故事

"前年我就是从那棵树上掉下来的。"罗苏芽带我们去看她的果园时，指着山腰上一棵高高的杨梅树说。白水洋镇上游村四面环山，杨梅种植大户罗苏芽的十来亩果园就在村南面的一座小山上。从树上意外摔下来后，她的左手食指不能动了，后背至今还留有 8 颗钢钉。这让她走路时后背挺得格外地直。

上游村大规模种植杨梅开始于 1985 年，村里统一买回两万株杨梅苗和一万株柑橘苗，按需发放给村民。实际上，动员村民改种经济作物的工作从前一年就开始了。当时任职临海县农业局副局长的王越兴是白水洋人，他时常骑着自行车，从县城到 25 千米远的上游村，给村民开动员会。

由于果树挂果周期长，新苗种下最少要等上 5 年才能丰收，一开始，大部分村民并不同意改种。一些村干部只能发挥带头作用，率先把自家的水稻田改成了柑橘地，但杨梅

杨梅是中国土生土长的水果，浙江余姚是其发源地之一。王象晋在《群芳谱》中有言："杨梅，会稽产者为天下冠"。杨梅娇嫩细腻，临海白水洋的东魁杨梅只有短短 20 天左右的尝鲜期，每年六月都让八方食客垂涎不已，一旦错过，只能心有不甘地再等上一年。摄影 / 视觉中国

浑圆饱满、酸甘相宜的临海杨梅不只靠天成，
果农的悉心照拂也很关键。种植大户罗苏芽
有一棵每年都能卖出上万元果子的杨梅树。
东魁杨梅的个子越大，单价越高，能种出高
品质的杨梅，罗苏芽靠的是多年摸索出来的疏
果经验。在每年梅果成熟之前，她要给果树的
每个枝头进行一番修剪，及早掐掉长势不好或
染肉葱病的青果，每一个枝只留两到三颗，以
保证每颗果实充分吸收阳光雨露，长成最好的
模样。摄影／李稔（上）、视觉中国（下）

只能种在山上，村民们更不愿意冒改种杨梅的险。

"后来村干部天天用祠堂的大喇叭宣传，搞了三个月，才把部分村民的思想工作做通。"罗苏芽回忆道。村里开始种杨梅的头5年，甚至有人以破坏森林为由状告开山种杨梅的村民。真正让大家改变意愿的是市场收益，90年代开始，杨梅逐渐给种植户带来稳定收入，抗拒也随之渐渐消融。

杨梅种植规模越来越大。2002年，村里联合108家农户成立合作社，注册了"上游牌"商标。也是这年，在河南做餐饮生意的罗苏芽有了回家种杨梅的打算。

上游村成立的这家合作社正是浙江的第一个杨梅产业合作社。浙江省是国家试行合作社的重点地区，台州在2002年被农业部确定为首批全国农民专业合作经济组织试点。农业部十分鼓励这种新兴的组织模式，是因为它有助于农户协作，扩大再生产能力，增强他们与渠道商之间的议价能力。

罗苏芽至今仍记得十分清楚，2003年正月初三，她在自家林地里种下了17棵杨梅树，正式开始了十几年的果农生涯。她也加入了村里成立的第一家合作社，社员每年需缴100元会费，年底参与分红。合作社用这笔钱为社员采购高质量的化肥、农药等农资产品，免费发放给社员，"当时我们用的那种绿色无公害农药很贵的，120块一瓶，一瓶只有2两。"像罗苏芽这样的大户，每年能从合作社免费获得5瓶农药。

到了采收季，合作社统一收购社员家的杨梅；在与渠道方交易时，合作社以集体的名义谈判。2006年《中华人民共和国农民专业合作社法》颁布，允许三人及以上农户组织成立合作社，上游村的杨梅产业合作社越来越多，目前，已有数十家，整个产业进入快速发展阶段。

但是，随着白水洋杨梅进一步走近市场，它面临的考验才真正开始。"外地人一提杨梅，都会想到仙居杨梅，但是我们白水洋是仙居杨梅的后花园，他们的杨梅很多是从我们这儿收过去的。"罗苏芽觉得，由于早期临海缺乏打造地域品牌的意识，导致如今他们在市场上相对被动的局面。

2015年，白水洋镇开始组织病虫害专业化"统防统治"，加强对全镇杨梅种植的管理。罗苏芽回忆，"统防统治的第一步就是农药不能乱打了"。头两三年，镇里会组织专人进山，统一给杨梅喷绿色无公害农药，"我们什么都不用管，只需要自付农药费"。集中管理最根本的目的，是从源头保证和提升白水洋杨梅的品质。

现在，每到五月，镇政府工作人员会到村里，开着宣传车，放着大喇叭，通知村民统一给杨梅打农药的时间，如果不在这个时间内打农药，就要面临5万元的罚款。村里自发组织监督队，轮流驻守在进山路口。同时，村里的农资店也被要求下架所有不符合农残标准的农资产品。"刚开始不理解，后来大家也想通了，如果品牌因为质量问题做倒了，你靠什么来获得收入。"罗苏芽所言也是绝大部分上游村民所想。

与此同时，临海市政府再一次敢为人先，牵头尝试新型经营模式，2016年，临海成立市农民合作经济组织联合会（农合联）。这种同样率先在浙江进行试点的现代农业经营主体模式，在纵向上能联合基层各分散的合作社机构，在横向上，又能与地方银行、财政局等组织联合，起到协调各产业部门、服务农业生产各个环节的作用，弥补单一农民合作社经营模式的不足。

临海农合联成立之后，白水洋进一步加深了对全镇杨梅种植的统一规划，包括统一标准、技术、品牌、营销、价格五个方面。其中，统一标准和技术，本质上是把控杨梅的品质。杨梅采摘后，还需进行一系列采后商品化处理，农合联提出的统一品牌、营销和价格的策略便是解决这个问题。

只要是在上游村交易的杨梅，必须打上当地品牌标签"上游牌"才能进入市场。除此之外，农合联会组织地方龙头企业、合作社参加各类农展会，扩大"临海杨梅"的市场影响力。在价格方面，为了提升上游村杨梅的市场竞争力，农合联通过建立价格联盟，统一杨梅定价，以减少区域内部合作社之间的内耗。

当然，所有政策利好只是背景铺垫，真正关键的是果农们在学习中总结出的独门经验。罗苏芽的杨梅树都做了矮化处理，既方便修枝、采摘，也保证全树的果实都能充分接触阳光。每年在果子成熟前的一个月，罗苏芽要为杨梅树反复疏果。既要摘掉患有肉葱病的坏果，又要提前把长势不太好的果子摘掉，每个枝头只保留两三颗。这样既能把营养留给长势好的杨梅，也能让细枝丫承受住大果的重量。长此以往，她家优质果的产量自然也提高了。

在如此精细化的管理之下，罗苏芽每年都能收获质量稳定的杨梅。今年罗家的东魁杨梅，乒乓球大小的大果每斤能卖到 22 到 25 元，中等大小的售价为 8 到 10 元。对于这样的现状，她已经知足了。

上盘西兰花，不是一个人的战斗

与罗苏芽相比，周桂欠是一位更有商业野心的种植大户。"我是全国种植西兰花第一人。"说起西兰花的种植史时，他的言语中总透露着自豪。

1989 年，25 岁的周桂欠在上盘镇劳动村当村委书记。那年，台州椒江的一家国营冷冻厂希望从国内采购新鲜西兰花，速冻加工后出口，他们找到劳动村里几个干部，问愿不愿意种西兰花，由冷冻厂提供种子。胆大心细的周桂欠毫不犹豫地答应下来，身先士卒地拿出自家 10 亩地改种西兰花，并发动全村一亩两亩地试种，最终共开发了 20 亩地，每亩地均产西兰花 3000 颗。周桂欠与工厂谈的采购价是每斤 8 毛，去除种植成本，村民能从中获得 5 毛收益。第一年，改种这种新蔬菜的农民都挣到了钱。

20 世纪末的劳动村是典型的贫困村，带村民脱贫致富是村干部最大的使命。一穷二白地苦了许多年，培养出了周桂欠不服输的乐观精神，也让他对任何机遇都格外敏锐。改革开放初期的中国，西兰花这种形似花菜但颜色、口感都非常不同的绿色蔬菜只出现在高档西餐厅中，大城市农贸市场中也不常见，遑论浙东沿海的一个小乡村。但第一年的收益、周桂欠拍着胸脯的保证，以及并不复杂的栽培技术，让劳动村种植西兰花的热情迅速高涨。在不到 5 年时间里，西兰花的种植面积从 30 多亩扩张到了 500 多亩。

与此同时，新麻烦接踵而至，首当其冲的是产能过剩。由于劳动村西兰花的买家只有椒江那家冷冻厂，而种植面积却持续扩大，供需平衡被打破，导致大量西兰花滞销。

从 1993 年开始，周桂欠频繁出差到北京、郑州、武汉等交通枢纽城市，考察农贸批发市场行情，为上盘西兰花开拓新的销售渠道。但国内消费者对西兰花的认知仍然十分有限，市场规模不大。最先帮他解决问题的是国际市场，日本、韩国、新加坡等亚太地区的发达国家对西兰花的需求旺盛。

劳动村稳定的西兰花生产规模吸引了香港贸易公司的老板刘伟和，他正在寻找西兰花的内地供应商。"他告诉我，在内地种西兰花一定有前景，"周桂欠说。20 世纪 90 年代，亚太地区的西兰花主要产自美国，如果能在中国找到合适的供应商，流通成本将大大降低。在与这个有国际视野的香港商人合作中，周桂欠学到了不少，其中最关键的，是建立一套西兰花采后商品化机制。

直接以生鲜形态进入消费市场的西兰花，尤其是进入海外市场，其采购标准远高于之前合作的冷冻厂。在刘伟和的资助下，周桂欠在劳动村建设了冷库和加工厂，用于西兰花分级、包装和保鲜冷藏。"我也是我们这儿建冷库的第一人。"马上便有其他人效仿，很快，村里就有了 4 个冷库。

冷库既能延长农产品的生命周期，也在一定程度上帮助农户平摊市场波动带来的风险，这对农产品贸易至关重要。周桂欠在劳动村建立的西兰花采后商品化处理模式，在当时农民普遍缺乏市场化意识的大环境下实属有远见。

"21 世纪初是我们外贸最辉煌的时候。那时候我们在日本、韩国的西兰花市场上是有定价权的。"当时，劳动村家家户户都做着西兰花生意，村里早已形成了一个完整的信息网络。市场行情、果蔬价格等信息都在这里快速流通，加之逐渐成熟的采后商品化流程，劳动村自然而然地发展成了国内西兰花的一大交易集散地，上盘镇也成了名副其实的"中国西兰花之乡"。

周桂欠的生意越做越大，2002 年，他辞掉体制内工作，专心经营起了西兰花买卖。也是这年，西兰花出口遭遇了"绿色壁垒"，主要出口对象国日本提高了农产品进口标准。出口受阻，周桂欠也毫不恋战，将生意重心逐步移回国内。21 世纪初，国民消费爆发式增长，西兰花随着种植规模的扩张，单价逐降，已经走入寻常百姓家，国内西兰花需求量足够大了。

劳动村的西兰花接受了多年出口严苛标准的磨炼，无论在品质还是价值上都具有优势，很快成为市场中的佼佼者，全村的种植规模也持续扩大。现在，上盘镇西兰花的种植面积已达 3 万亩，占全市种植面积约三分之一，其中劳动村的种植面积占上盘镇大部分，而临海西兰花已经发展成为全国规模最大的冬春西兰花生产中心。

由于西兰花发展成了"大众蔬菜"，消费市场一年四季对它的需求量都很大。浙江耕地面积有限，且西兰花种植有时令性，为了突破自然条件的限制，劳动村的种植户开始了跨季节迁徙。5 年前，"村里很多人也

从地里采摘西兰花后，除了立刻对少部分进行分销之外，其余的要马上送进冷库储存，根据市场需求，再销往全国各地。品种的高产，让这种舶来食材在大规模栽培之后，短短几年间迅速成为风靡全国、四季供应的"大众蔬菜"。摄影／蔡文斌

像我一样转型,去山东、江苏租地种西兰花。"临海西兰花收割过了初夏就告一段落,到了6月底,周桂欠便带着从村里招的工人到张家口张北县,在那里,他租了100亩地,"我们就跟候鸟一样,为了吃上饭,一年四季都在迁徙。"

新环境也意味着新风险。每开拓一片新土地,需要花上两到三年适应当地自然环境,并根据这些环境特征调整种植、田间管理等诸多细节,这需要高人力和资金成本投入。"在这个过程中要淘汰掉一批人,"周桂欠说。

去年是周桂欠在张北种植西兰花的第四年,却是第一年盈利。靠着对种植细节的把控,他经受住了市场价格战的考验,他说:"品质是关键。不要小看种植过程中的精细化管理,它能帮我把能省的钱都省下来,我们的货每斤的交易价格就能比别家再低5分钱。"

不过,越来越激烈的市场竞争开始让56岁的周桂欠感到疲惫。他种植的西兰花仍然通过传统农贸批发链条流通进市场,但如今农产品零售市场正在经历结构性变化,越来越多的新渠道,如商超、新零售、电商等,正在与产地直接对接,这也压缩了传统农人的生存空间。

"我想再做几年就退休了。"对周桂欠这一辈人而言,这是一套全新的流通模式。他觉得新渠道需要靠年轻人挖掘,就像25岁的他给临海带回第一颗西兰花种子一样。

涌泉蜜橘,"新农人"的奋斗

与周桂欠差不多年纪的冯贻法,在事业

西兰花栽培没有太高的技术含量，秋冬季种植的临海西兰花大多采用与西瓜轮作的模式，充分有效地利用光温和土地资源。摸索出西兰花种植之道的临海人如候鸟般追随温度变化，在每年不同季节"飞"向不同纬度的各个地区，培育和收获这种绿色的果实。

摄影／蔡文斌

上仍然充满干劲。

涌泉蜜橘是临海商业化开发得最好的农产品，而冯贻法是涌泉最早种蜜橘的那批人之一。"1982年，我在自家地里偷偷种上了橘树，那时候我们这里还是以种粮食为主。"不过很快，台州市在3年后开始调整全市农业结构，镇里放开了对作物种植的限制。如今，涌泉的柑橘种植面积达4.5万亩，相关合作社数量超过480家，创立的蜜橘商标超过600个。

涌泉蜜橘的主要品种是20世纪40年代从日本引进的宫川，它适合在涌泉这样多山的地区种植。山上昼夜温差大，适宜蜜橘积累糖分，而且相较于平地，山坡上以沙壤土为主，土层深厚、疏松透气，保水保肥性好。此外，涌泉蜜橘采用了完熟栽培技术，即在果实充分成熟后再采摘，以保持果品固有性状和风味，橘肉厚而无籽，入口化渣，只留甜润萦绕在口腔。涌泉蜜橘一直就是区域性名优水果，"中国第一贵"的橘子说的就是涌泉蜜橘。这样的产品特性决定了蜜橘的高种植成本和高定价策略。

但是，与逐渐扩大的蜜橘种植规模相对应的，是品牌认知度尚低的市场现实。"1998年秋天，橘子熟了，我们拿到省里去根本卖不掉"。品牌化发展是冯贻法看到的一条出路——通过商品化包装，提升涌泉蜜橘的品牌知名度，吸引有高消费能力的企业、政府机构等大客户。于是，在1999年，冯贻法联合5名合伙人，注册了蜜橘品牌"忘不了"。

也是同一时期，涌泉诞生了一系列品牌，它们通过发展大客户，建立稳定客群，迅速在浙江本土市场站稳了脚跟。除了冯贻法参与创立的"忘不了"，还有"岩鱼头"、"了不得"等如今的涌泉蜜橘头部品牌。

最近10年，随着全国城镇居民人均消费水平的提高，生鲜零售渠道的多元化迭代以及冷链物流基础设施的建立，涌泉蜜橘进入了更广阔的大众消费市场。而电商是涌泉蜜橘走出浙江的关键。

蜜橘因其种植成本和果品属性属于精品水果。传统的农贸批发链条和"农超对接"都不是最理想的流通渠道。前者由于中间商多且分散，影响蜜橘的销售效率；而在"农超对接"流通模式中，商超往往拥有更大的话语权，为了利益最大化，他们更偏好中等价位的产品。电商提供的直销渠道一定程度上缓解了以上矛盾。

2014年，28岁的邱加长从外乡回到涌泉，那时全镇家家户户都种橘树，他笃定这一行还有更大的发展空间。也恰好赶上了国内生鲜电商迅猛发展的时期，电商、微信等工具为种植户提供了直通消费者的平台。在邱加长的记忆中，从2011年开始，镇里就有人尝试通过淘宝卖橘子。"我回来后的两年，微商发展得特别快。"

通过微信，涌泉人把蜜橘卖向了全国。与此同时，也遭遇了新的瓶颈——蜜橘在跨区域运输途中的高损耗。

由于涌泉蜜橘采摘时的成熟度已经非常高了，这样的柑橘外皮十分薄，容易在运输过程中破损，而且当时第三方物流公司的冷链体系尚不成熟，镇里农户在通过网络提升销量的同时，不得不承担运输损耗带来的额外成本。

邱加长回乡创业做的第一件大事，便是

橘树适宜在山地栽培，昼夜温差大及偏酸性的土壤环境，能让橘子更细腻爽口。一棵树有一棵树的个性，一座山有一座山的滋味。每到蜜橘丰收的季节，漫山遍野都是金灿灿的，几个月的辛勤化作了甜入心头的蜜果，果农挑着箩筐行穿其中，肩上挑的都是收获的甜蜜。供图 / 五月 May

如今，塘东及周边几个乡镇，都大面积种植椪柑，几乎家家户户或多或少都有几棵。到了晚秋收获时节，有经验的果农负责把控采摘和分选标准，不太懂农业知识的年轻人则负责网络营销。除了继续拔持传统的农贸商超渠道，临海蜜桔的声名通过电商，走向了全国更多地方。摄影／陈世芊研究如何通过包装来降低蜜橘的运输损耗。2015年，他组建了电商协会，把遇到相似困难的农户组织起来，共同讨论包装、运输等与电商交易有关的议题。通过一年多的试验，邱加长设计出了一种托盘，并申请了专利。这个托盘采用便宜、轻便且减震功能好的泡沫材质，在泡沫盒中设置凹槽放置单个橘子，凹槽四个角还留有通风口，方便空气流通，保证蜜橘新鲜度。"在涌泉卖蜜橘的人用的都是这种托盘。"一提起这项专利，邱加长会不自觉地提高音量。此后一年，蜜橘的电商交易量踏上了一个增长新台阶，全镇进入了"全民营销"时代。家家户户通过家族年轻人的微信渠道，大量地往外地销售蜜橘。"当时镇里最流行的问候语是'你家孩子帮你卖了多少橘子？'"邱加长笑着说。

但成本压力并没有完全根除。这个压力一方面来自流通环节，另一方面来自生产端。

直到2018年，镇里的橘商们都面临着物流成本的高压。"物流成本一直是江浙沪农业的一个痛点"，涌泉电商协会的副会长王永波告诉我。2018年之前，顺丰是当地唯一的物流公司，牢牢地掌握了定价权，农户完全没有议价空间。为了改变这个被动局面，王永波在2018年争取到了京东物流入驻涌泉。新物流公司的进入打破了顺丰的垄断，电商协会以协会的总交易量为筹码，向物流公司争取到了更大折扣。

也正是因为物流成本的降低，橘农有能力开展一部分"走量"生意。现在，邱加长把他的蜜橘分为低、中、高价果三档，低价果"走量"，中、高价果则更注重品质和品牌。涌泉蜜橘无论是种植成本还是人力成本都很高，"我们山地的橘子，采购价基本是六七块一斤，价格低了农户不可能卖给你。"每斤8元已经是邱加长能给出的最低售价了，但比起市面上其他品种每斤一两元的采购价，这个价格在大众市场上并没有很大的竞争力。

精品销售策略或许是最好的出路，"浙江人多地少，如果不做精品农业，根本活不下去。"冯贻法分析道。近些年来，他将越来越多的精力放在了高端市场上，利用微商的经销体系将高客单价的蜜橘卖给精准客群。冯贻法还学习"中国橙王"褚时健的品牌化思路打造了"冯桔"品牌，最贵的一款蜜橘客单价能达180元一箱，每箱只装10个。

冯贻法将大部分收益投入到了生产环节，生产机械化是他认定的未来发展方向。2014年，他二次创业创办了新的蜜橘品牌——"新了不得"，新合作社成立后，他立刻斥资百万从日本引进了一套机械化分拣设备。在冯贻法看来，人力成本的逐年攀升和日渐严重的农村老龄化已经无法避免，未来的人工成本只会水涨船高，在生产领域引入自动化设备才是涌泉蜜橘产业接下来必须要走的路。"如果我们解决了从生产到加工的同步机械化，那才是真正解决了我们的后顾之忧。"

对涌泉乃至整个临海的农人来说，问题总是层出不穷，但这里的人们从不缺乏解决问题的智慧和胆识。探索，仍在继续。

台州有嘉木

撰文
王砚

春天，宜去汛桥镇盖竹山探访南方茶之源。

山中草木葳蕤，修竹秀挺，偶尔一两声鸟鸣回荡在山谷，久久不散。人在满山绿意中走着走着，常常不经意间就走进了云雾深处。这里是道家第十九洞天所在地，多云雾，多仙家传说，亦多野生茶树。江南的道教之祖葛玄（164—244）曾在盖竹山修道炼丹，开圃植茶。中国茶树的种植虽说可以追溯到远古，但真正有文字记载的还是在三国两晋时期。葛玄种茶一事最早见于南宋陈耆卿所撰的《嘉定赤城志》"……有仙翁茶园，旧传葛玄植茗于此"。盖竹山便成了有史可查的浙江较早种植茶叶的地方之一，整个台州的茶叶故事大概都须从此处讲起吧。

道与茶

台州一直是浙江重要的产茶地，拥有20万亩的种植面积，天台华顶云雾茶从唐朝开始就久负盛名，并且远播到日本。近代临海羊岩勾青茶、临海蟠毫更是后起之秀，成为台州茶的一方新势力。

临海地形一面环山，一面濒海，天台山、括苍山在西边曲折起伏，像一道天然屏障，冬可抵挡寒流，夏可抵挡海风，庇护其中无数适宜茶叶生长的山地、丘陵、缓坡。临海的山大多自带缥缈灵气，与道教之间的关系难解难分。比如传说华胥子在巾山上炼丹修道，历经磨难，终于成仙。当他驾鹤仙去时，一阵微风将其头巾吹落，飘然而下，变成了巾山两峰。临海兼具山海的美丽壮阔，孕育的珍异植物如茶叶、黄精、芝兰遍布其间，都是道家追求的长生不老之材，尤其是茶，被誉为"草木之仙骨"，信奉者认为长期服食可以"飞身轻举"。

道教发展史中划时代的人物葛玄曾多次来到台州，在天台华顶山、临海盖竹山和丹丘一带等地炼丹修道，辟园植茶。在盖竹山，至今还遗留着"葛仙翁植茶园"，三块小小的茶园，沿着茶园坑山涧，从上往下依次排列，零星生长着二十多丛野茶树，其中三棵极为粗壮，已有百年树龄。专家们考证，这处葛仙翁植茶遗址，与天台华顶山归云洞的"葛仙茗圃"一样，时在东汉末至三国中期，也是江南乃至中国种茶历史上最早有文字可查的植茶遗址，堪称江南茶与茶文化的源头。

台州茶不仅早在江南闻名，甚至在海外也开创了一片新天地。唐贞元二十年（804），日本高僧最澄至临海龙兴寺、天台国清寺研习天台教义，也学习了寺院茶文化，翌年归国时带回茶种，种于今滋贺县比睿山麓日吉神社旁的池上茶园，为日本植茶之始。

当年葛玄在深山中种下的茶，如今早已散入临海万千家，尽管不再将茶视为修行的重要媒介，人们种茶、饮茶的热情依旧不减。满山的蓊郁茶园里，那些唯属于临海的古老茶树，还在一年年的春风里绽放绿芽。

属于临海的古老原生茶

在距离兰田镇十多里的兰田山顶，有着十分开阔的茶园风光。

采茶季已过，人们忙碌的身影消失了，除了不时掠过的风声，只有数亩修剪过的茶树静静与自己共呼吸。远处，小水库的水面反射出银光，灵江在更远处蜿蜒。那些碧绿的茶树被精心砌筑的石块方方正正地围拢着，每块石头都经过挑选，严丝合缝，和上周村山上人家的石头房子一样规整。这里海拔600余米，山高地寒，过去，只有少量土地种水稻，绝大多数的旱地种番薯、荞麦，再余一点种生姜、茶叶。当地所种的茶和别处不同，枝条柔软如藤蔓，叶片狭长似柳叶，称为"藤茶"。1991年出版的《临海林业特产志》记载：藤茶是140年前从野生茶中选出的单株。而上周村的村民相信，

藤茶是他们的周姓高祖"周高公"最早优选出来的。由于地太少，当年种茶是一个极为讲究的活儿，通常是三行番薯、一行茶树地间种；那些小块的蓑衣田、箬笠田则是中间种番薯，四边种茶树。给番薯施肥的同时，也肥了茶树。

兰田藤茶发芽较晚，往往要比其他高山茶晚上一周左右，和山下种植的茶树相比，就更晚了。尽管产量高，质量好，但销售价格上并无优势。现在的上周村村支部委员周善何还是觉得"有点吃亏"。但藤茶引以为自豪的地方在于，它只开花，不结果，不用消耗养分，茶叶产量自然就高了许多。而且，它枝条柔软，不怕风，又耐冻，视高山为家园。当生产粗制毛茶的年月过去，精制名优茶大行其道时，用藤茶制作的一款"金翠奇兰"便展现了它的优良内质，其状如螺，条索紧实，有金点闪烁其间，冲泡后叶底明亮，如水中兰花。

《中国茶学辞典》和《中国茶事大典》中还记录了临海的第二个原生古茶树种——水古茶，又名水牯茶，同样产于涌泉，同样由当地农民从群体品种中单株选育而成，却走进了昆明世界园艺博览会，成为世博园茶园栽种的12种茶树之一。临海市茶叶协会秘书长冯济峰曾经专程探访过水古茶原产地里山村，发现那些珍稀的老茶树根部异常粗壮，直径达到五六十厘米的茶树有上千株。村里80多岁的老人回忆，她爷爷在世时，这些茶树就已然十分高大，她小时跟着奶奶、母亲采茶时，需要搭梯子攀上茶树采摘，由此可知，这些半乔木茶树至少有150余岁。

科学家们曾经从多酚氧化酶基因片段的

羊岩山位于临海市区西北30千米处，主峰海拔786米，因"山顶石壁上有石影如羊"而得名，是羊岩勾青茶的主产地。羊岩山上建成了一座综合性茶文化园，可以采茶、品茗，学习茶道，是休闲度假的好去处。

摄影／叶启满

核苷酸和氨基酸序列水平上，进行茶叶品种间的亲缘关系、进化和分类的分子分析，发现一个有趣的现象，南昆山（位于广东省惠州市龙门县境）所产毛叶茶以及英红九号与临海水古茶的基因都有较高的同源性，那么，它们是如何成为相隔遥远的近亲？又用什么方式完成了一次长途迁徙？仍然是一个古老的谜。

一对姊妹名优茶

蟠毫是临海家喻户晓的一款名优绿茶，脱胎于当地的"云峰茶"，明代嘉靖年间《临海县志》中有"上云峰茶，味异他处"之说，可见当地植茶做茶由来已久。然而用云峰山群体种茶叶制成的绿茶外形参差不齐，冲泡出来松松散散，难比苏州"碧螺春"紧实的螺形，也不及嵊州"平水珠茶"形如珍珠的圆润可爱。当年的几位茶叶技术骨干在临海引进的30多个茶树良种中，选择了"福鼎大白茶"，它发芽早，芽叶肥壮，又多白毫，加工成干茶后，有一股浓郁的干栗子香。

传统的临海蟠毫茶都是用手工制作，木炭烘干。摊放、杀青、摊凉、揉磨理条、造型初干、烘干、拣剔、匀堆等七道工序下来，劳动强度极高。尤其是造型这一步，要求茶叶外形达到好似蟠花卷曲，不扁不碎，而且银毫显露，闻上去没有闷热味。制茶师要将左手张开如虎爪，手心向下握住芽叶，右手四指从左手的虎口插入，贴紧芽叶不停旋转，待转至80—95℃，芽叶回落到原来的位置，再继续旋转。反复数次后，芽叶渐渐卷曲，

炒锅边此时飞出白色毛茸球，蟠毫茶形就初步形成了。因为外形盘曲，满身披覆白茸，"蟠毫"之名也就顺应而出了。现在的蟠毫茶已经全程机制，除了采摘和摊晾，杀青机、揉捻机、烘干机、造型机、筛选机……完成了其余环节，不但提高了产量，质量也稳定下来。

羊岩勾青和临海蟠毫是一对姊妹茶。它产自河头镇的羊岩山，整个山头全是规整有序的绿色茶园，半掩在云雾中，山下则是制茶车间。漫步茶园，空气中全是茶叶淡淡的清香，松树、杜鹃看似无意地与茶树生长在一起，错落有致，与其说是茶场，倒更像一个生态公园。但40多年前，这里完全是另一番景象。海拔786米的山头，终年云雾和大风，除了乱石和荆棘，几乎一棵树也不生。一条2700余级台阶的羊肠小道直通山顶，人们谓之"眼泪岭"，各种行路难令人落泪。茶场的第一任场长朱立华带领拓荒者们扛着水泥、化肥、茶籽，在这条小路上不知走了多少个来回。长达六年的垦荒岁月，他们把一座荒山变成了现在的满目葱茏，而炒出来的第一锅绿茶，仿佛是大山的温情馈赠。羊岩勾青所用的茶青起初也是群体种茶叶，后来改用"迎霜"品种制作高端绿茶。观其名就能知，"迎霜"生长期很长，霜降后仍有芽叶勃发，几乎全年都可采制。

在临海，随时随地都能与这对姐妹茶撞个正着。小饭店的老板会捏一撮油亮的茶叶扔进大瓷缸里，美滋滋地啜饮几口；有时，东湖边练太极的老爷爷歇息时，随手拿起玻璃杯仰头喝一大口，问问，不是勾青，就是蟠毫。它们将每个春天的气息都凝聚在一杯茶中了，那是临海人永远的家乡味，心头好。

图书在版编目（CIP）数据

风物中国志. 临海 / 王砚主编. -- 长沙：湖南科
学技术出版社, 2020.11
ISBN 978-7-5710-0778-2

Ⅰ.①风… Ⅱ.①王… Ⅲ.①临海—概况 Ⅳ.
①K92

中国版本图书馆CIP数据核字（2020）第187522号

FENGWU ZHONGGUOZHI·LINHAI
风物中国志·临海

主　　编：王　砚
总 策 划：陈沂欢
责任编辑：李文瑶
特约编辑：何清颖
图片编辑：李晓峰
地图编辑：程　远
书籍设计：杨　恒　李　川
特约印制：焦文献
制　　版：北京美光设计制版有限公司
出版发行：湖南科学技术出版社
地　　址：长沙市湘雅路276号
　　　　　http://www.hnstp.com
湖南科学技术出版社天猫旗舰店网址：
　　　　　http://hnkjcbs.tmall.com
邮购联系：本社直销科0731-84375808
印　　刷：北京华联印刷有限公司
版　　次：2020年11月第1版
印　　次：2020年11月第1次印刷
开　　本：787mm×1092mm　1/16
印　　张：13.25
字　　数：210千字
审 图 号：浙台S（2020）6号
书　　号：ISBN 978-7-5710-0778-2
定　　价：58.00元